JN254762

料理を
ひきたたせる
「スパイス」が
わかる本

遠井香芳里 著

セルバ出版

はじめに

本書を手に取ってくださった皆様へ、心からの感謝・御礼を申し上げます。

本書は、綺麗なレシピの載った目立つカラー本というわけでもなく、そしてＢ６サイズの本という割にはそこまでお手頃なお値段というわけではありません。そんな本書ですが、手にお取りいただき、本当にありがとうございます。

本書は、スパイスに関する初心者の方向けの知識、スパイス好きな方へのコアな知識、ぜひスパイスを好きになってほしいオリジナルレシピが中心の、私の言いたいことだけを詰め込んだ、正直、とてもごちゃまぜな内容となっております。すみません、
とにかく詰め込みたかったというのが本音です！　ですが、スパイスに興味のある方、スパイスのことをもっと学びたい方にとっては、結構、面白い本になっているのではないかと思います。

本書を読んで、少しでもスパイスって楽しい、やっぱりスパイスって面白い、もっと勉強したいって思っていただけたら、私にとってこれ以上幸せなことはありません。

私は、普段、関東を中心に、各地で講座や料理会を通して、「スパイスの誤解、先入観念」を解くために活動をしています。

スパイスは、とても魅力的で、使える幅も広く、使い方も簡単です。しかし、スパイスは辛い、スパイスは美味しくない、スパイスは難しいとマイナスイメージで、とにかく日本では馴染みのな

いスパイス。日本に浸透してしまっているそんなイメージを消し去りたい。その一心で活動しています。

かくいう私も、2年前までは、シナモンの香りさえ嗅げないスパイス嫌いでした。シナモンが臭くて仕方なかったのを覚えています。しかし、そのスパイス嫌いさえ、大好きになってしまったスパイスの魅力を、私の力で可能な限り、本書に詰めました（詰めたつもりでいます）。

本書は、スパイスが未知の存在だからといって難しく考えず、身構えず、軽い気持ちで、読み進めてくださると嬉しいです。

皆様が思っているよりも身近で、よく知った言葉もたくさん登場すると思います。

2017年　12月吉日

遠井　香芳里

料理をひきたたせる「スパイス」がわかる本　目次

第2章　スパイスを使ってみよう

第3章　スパイス料理にこれからチャレンジしたい方へ

第4章 スパイスあるある誤解

第5章 知られざるスパイス雑学

第6章　スパイスの「食べる」以外の使い方

第7章　試してほしい、あるようでない簡単美味しいスパイスレシピ集

第1章　スパイスとは

1　スパイスの歴史

旧約聖書にも登場

スパイスの歴史は、遡れば遡るほど果てしない歴史です。

現在では、主に食事の味付に使われることがほとんどですし、日本では「健康志向に便乗して、最近はやり始めたもの」というイメージが強いです。

しかし、スパイスがこの世にあるのは、ずっと昔から。そして、今とは用途も全く違いました。紀元前３０００年頃、旧約聖書にもすでにシナモンは登場しています。紀元前１５００年、クレタ島の壁画にサフランの絵が登場しています。バビロニア時代の書版の中には、セサミ（ゴマ）の表記があります。そして、その時代の神々は、セサミのお酒を飲んでいたといいます。

地中海沿岸からスタート

まず、スパイスの歴史は、地中海沿岸からスタートしたと言われています。

歴史上初のスパイス・ハーブの治療法を残した本は、ギリシャの軍医ディオクリデスによって紀元１世紀に書き記されています。

そして、それからローマ時代に入ると、スパイスを求めて航路・陸路が開拓され始めてきます。インドとの海路での交流や、シルクロードを使って中国やアラビア海、ビザンティウムなど、様々な箇所へスパイスの運送が可能になりました。

クミンやジンジャーなどのスパイス類は、ラクダの背に乗って、それまでの地中海沿岸であるギリシャとエジプト周辺の「縦方向」のみの交流から、海や陸路を横切っての「東西」の交流が可能になったのです。

この頃から、スパイスの効能、薬効、調理方法などが段々と周囲に認知され始めました。ターメリックなども取引されていましたが、その頃の主流であった狩りによるお肉の保存、味付に効果的な胡椒がダントツの一番人気でした。

しかし、悲しいかな、このスパイス交易が盛んになったことによって、かの有名なローマ帝国は滅ぼされてしまうのです。西ゴート族に滅ぼされてしまうのですが、その理由は、「ローマ帝国にある胡椒を奪うため」だったそうです。

中世ヨーロッパでは宝石扱い

中世ヨーロッパになると、希少でとても役に立つスパイスは、あたかも「宝石」のように扱われ、スパイスを持っていることが権力の象徴となっていました。この頃からスパイスは、貴族の間でのみ、匂い消しや料理にとふんだんに使われるようになりました。やはり、変わらず胡椒が人気で、肉に胡椒を刷り込んでよかったのは貴族階級だけだったと言われています。

ヨーロッパでスパイスが広まったのは、中世後半になってからですが、17世紀になるとスパイスがさらに広く普及し、値段も下がり、庶民も手が出しやすくなりました。

そして時がたち、近年では、たくさんの人により、日常の料理からお菓子まで、スパイスは幅広く使われています。

「料理上手な家庭にはセージが生える」や「キャラウェイを彼氏（旦那）のポケットに入れておくと浮気しない」「男の価値は本棚の中身で、女の価値はスパイス棚の中身で決まる」など、多くの言い伝えが生まれているのもヨーロッパです。いかにスパイスがヨーロッパの日頃の生活に密着しているのかがわかります。

日本での歴史

日本では、正直、「スパイス」という言葉はまだまだ聞きなれていない印象がありますが、奈良・平安時代に建立された正倉院からクローブが発見されています。また、日本最古のスパイスと言われている「山椒」は、土器に付着しているものが発見されています。

江戸時代では、シナモンや胡椒を使ったレシピが確認されており、昔から日本でもスパイスは使われてきました。「スパイスは海外のもの」というイメージがある方がいらっしゃるかと思いますが、山葵や山椒は「和スパイス」として全国で使われています。

そして、意外と日本独自のスパイス食文化を生み出しているのも日本です。スパイスの代名詞ともいえるカレーから編み出された料理「カレーうどん」や「カツカレー」は、日本の文化で、海外発祥ではありません。また、「七味唐辛子」は、日本独自のミックススパイスで、現代では海外に向けて輸出されたりもしています。

中国での歴史

中国では、約５０００年前、神農帝が香辛料市を設立しました。神農帝は、漢方書の中で、アニスやジンジャーなど数種類のスパイスの素晴らしさを説いています。

また、神農帝は、長生きしましたが、それはスパイスを使った料理をいつも食べていたからであると言われています。

自分の身体に合った食事法や食材を見極め、立膳していく薬膳の生薬（現代の薬まではいかないが、効能が強い食材）としてもスパイスは多数登場します。シナモンだったら桂皮、クローブだったら丁子、といった具合です。

また、「温故知新」「三十にして立つ、四十にして惑わず、五十にして天命を知る」などの「論語」で有名な孔子は、「スパイスの入っている食べ物以外は食べてはいけない」と記しているのだそうです。

現代では、漢方薬から中華にまで、幅広い分野で使われています。

インドでの歴史

スパイスといえばインド！　というイメージがあると思いますが、インドでのスパイスの歴史はスパイスのための植民地としての歴史が色濃いでしょう。ポルトガル、イギリス、スペインがオランダなどの国々が、血眼でスパイスの所有権を争い、イギリスが東インド会社を設立、オランダやフランスもそれに続き貿易会社を設立し、自国の国産品とインドのスパイスとの取引をしていました。

しかし、その後、フランスが自国の植民地にスパイスの苗木を持ち出して育てるという手段をとり始め、それをイギリスやその他の国々も真似を始めました。こうしてインドだけでなくその他の国々にもスパイスの産地が拡大しました。

そのため、以前ほどインドが固執されることが少なくなり、イギリスの植民地と化してしまった後にいく度もの解放戦争などを経て、ようやくにですが、「支配国のために」ではなく、今のように「自国の日々の生活の中に」スパイスを使える日々になっていったのです。

今では、カレーをはじめとする食事、胃薬、化粧品などスパイスは、インドの人々にはなくてはならない存在となっています。

2　スパイスを世にもたらした有名人たち

スパイスが世に流通した理由の1つとして、「流通させてくれた人物がいる」というのはもちろんのことです。

もともとスパイスは、「スパイス戦争」「スパイス諸島」という言葉のあるくらい世界の歴史を動かした存在です。15世紀から約3世紀間、ポルトガル、スペイン、フランス、オランダ、イギリスは、スパイスを栽培する植民地を確保するため、人の命があれよあれよと奪われ、果てしない戦争を繰り広げてきました。

そんな中、スパイスにご執心だった歴史上の有名人やスパイス戦争に拍車をかけた有名人、スパイス戦争を終りに向かわせる糸口を発見した有名人など、スパイスにかかわった歴史上の人物も多数います。その中で代表的な方々についてここでは書いていきたいと思います。

クリストファー・コロンブス

当時、スペインに雇われていたコロンブスは、いかに他の国より早くスパイス（特に胡椒）を手に入れるかで争っていた時代の中で、友人の助言を受け、「アフリカ大陸を周るのではなく、西へ行って大西洋を渡るほうがより早くインドに着くに違いない」と確信を持ち、１４９２年に港を出航しました。

3か月の航海の末、コロンブスが到着したのは、当初の目的地であったインドではなく西インド諸島でした。当初の予定とは違いましたが、西インド諸島からオールスパイスを、メキシコからチリを、中央アメリカからバニラをスペインに持ち帰りました。そのほかにも唐辛子やパプリカなども持って帰ってきたそうです。こうして、結果的に、新たなスパイス航路がコロンブスによって開かれました。

しかし、スペインより先にインドへの別航路を開拓して先にインドへ到着していたポルトガルとのスパイス争いが激化、収拾がつかなくなり、ついにはローマ法王によってスパイスの世界をスペインとポルトガルで2つに分けるという命令が出されました。大西洋の真ん中を境にして西がスペイン、東のスパイスをポルトガルが所有できることになりました。

マリーアントワネット＆楊貴妃

この2人は、スパイスを「自分たちの美しさ」に還元することに長けていました。

マリーアントワネットといえば、フランス革命でギロチンの露と散った悲劇の王妃として知られています。飢えに苦しんでいる国民に、「パンがないならお菓子を食べればいいじゃない」と言ったという話も印象的です。

楊貴妃は、クレオパトラ、小野小町と並び世界3大美女と称される女性です。皇帝の寵愛を受けすぎて、安史の乱を引き起こしたとも言われています。

いきなりお姫様の登場になってびっくりする方もいらっしゃると思いますが、実は、彼女たちは、スパイスの研究に対して大層ご執心であったそうです。

スパイスは、その時代はまだ高級品であったため、自分たちの権力や地位を誇示するための貴族の道具であったということも理由の1つではありますが、スパイスの持つ殺菌、浄化、酸化防止作用は美容と健康に効果的で、その香りでリラックスすることが脳の働きにとてもよいということを彼女たちがわかっていたからです。

確かに、よい香りやアロマは、身体をリラックスさせます。現代でも、「シナモンやショウガで代謝をよくしてダイエット！」のように、スパイスには美を謳う文句が多い気がします。

このように彼女たちは、スパイスを自在に手に入れ、扱うことができれば、人の心も自分たちの美も思うがままに操れると信じていました。

実際、マリーアントワネットは、美人ではなかったものの、彼女のお抱え画家のルブラン夫人が「彼女の肌を表現できる絵の具が私にはなかった」と表現しているくらい、マリーアントワネットの肌は1点の曇りもなく、綺麗に透き通った肌をしていたそうです。マリーアントワネットはその身につけていた香水もバラやスミレ、またハーブ系の香りを愛用していたといいます。

楊貴妃は、菊花やクコの実の入ったお茶を愛飲していたという言い伝えもありますが、そのほかにも、実はクローブを好んで食していたそうです。

クローブは、強い催淫作用のあるスパイス、セクシャルハーブ（スパイス）とも呼ばれます。オイゲノールという成分が脳に働きかけ、女性の場合ならば子宮を興奮させ、男性ならばインポテンツに効果があると言われています。自分の生殖機能を高めたい人は、毎朝、暖かい牛乳にクローブを少量溶かし、それを飲むとよいとも言われます。

楊貴妃は、普段から部屋にクチナシや様々な香料を炊き、香りによって周囲を魅了していたと言われています（もっとも、香を焚き込めていた理由は、楊貴妃にはギリシャ系の血が入っていて、白人系や黒人系の方特有の体臭のきつさを隠すためという夢のない一説もあるのですが…）。一国の王を狂わせて戦争まで起こさせてしまった美も、クローブの持つ媚薬効果の賜物なのでしょうか。

ユリウス・カエサル＆ナポレオン・ボナパルト

この2人は、「甘草」（リコリス）というスパイスにかかわりの深い人物です。「ブルートス、お前もか」「さじは投げられた」というセリフで有名な共和制ローマ期の政治家ユリウス・カエサルと、フランス革命期の軍人であり、のちにフランス皇帝となるナポレオン・ボナパルト。この2人は、共通して、とあるスパイスを常備していました。それはリコリス（甘草）です。

リコリスは、イタリアで生産が盛んなスパイスです。普通の砂糖の約50倍の甘さがあります。この甘みの原因は、グリチルリチン酸という成分によるものです。よく漢方薬にも使われます。

以前は、砂糖の代わりに甘味料として使われていました。しかし、サトウキビの大規模農園が登場してからは価値が薄れ、最近は人気が下火となっています。しかし、ツタンカーメンのお墓から副葬品として見つけられたくらいスパイスとしての歴史も長いスパイスです。

現代では、ビールやリキュールの味付に使われたり、パイプタバコの風味付、一番有名なものは子供用の「リコリス・キャンディ」です。かの有名な映画「ハリー・ポッター」でも、主人公ハリーたちが訪れたハニー・デュークスというお菓子のお店でしっかり売られていましたね。現代の子供たちにも人気の不動の一品ということでしょうか。

リコリスは、のどの腫れや喘息、痰をとってのどをすっきりさせる効果、また消化不良解消などの様々な効能を持つスパイスです。血中コレステロールを下げ、胃潰瘍の症状を和らげる働きや、咳止め薬の甘み付にも使われています。

ユリウス・カエサルは、定かではありませんが、政治家として論弁ののどを潤すため、のどの保養のため、リコリスを常に携帯したのではないかと言われています。カエサル以外にもアレクサンドロス大王も行軍の際に必ず携帯していたといいます。行軍の際の喉の渇きを癒すために携帯していたということでしょう。

ナポレオン・ボナパルトは、実はもともとかなりお腹が弱かったと言われています。神経質だったのか、生まれての気質なのかは謎ですが、いつも腹痛を起こしていたそうです。晩年は、島流しに処せられた先の島で病死してしまうのですが、胃がんで亡くなっています。本当にお腹が弱かったのですね。ナポレオンは、胃潰瘍の症状を和らげたり、消化不良を解消するためにリコリスを常に携帯していたと言われています。

リコリスは、薬として古くから注目されています。古代中国の神農帝の記した世界初の薬物書である「神農本草経」には、リコリスのことについて、あらゆる薬の中心として、国老（天帝の師匠という意味）という別名を付けられていたと書いてあります。

日本でも昔から存在しているスパイスで、実は正倉院からもクローブなどのスパイスと混ざって発見されています。

また、山梨県には、「甘草屋敷」なるものが存在しています。このお屋敷は、江戸時代から存在していて、その当時から甘草を栽培していました、徳川幕府の薬剤師にその甘草の素晴らしさを認められて、後に幕府御用達の甘草栽培場所となりました。この甘草は、それからというもの、ずっと幕府へ上納されていたそうです。現在、このお屋敷は、国の重要指定文化財となっています。お屋敷が1つ建ってしまうくらい、日本では昔から重宝されていたのですね。

マルコ・ポーロ

マルコ・ポーロは、13世紀、極東への新しいルートを独自の思想で開発し、ヴェネツィアから出航しました。そして、元のフビライハーンの宮廷から多くの財宝を国へ持って帰りました。その中には、ヨーロッパでは見たことのないスパイスもたくさん入っていました。

当時、マルコ・ポーロの元への航海を信じる人は、皆無だったといいます。しかし、マルコ・ポーロが持ち帰ったスパイスを用いて、自身で友人たちに料理をふるまったことにより、ようやく周囲の人たちが航海記録を信じたそうです。

また、マルコ・ポーロの代表作ともいえる「東方見聞録」は、コロンブスにも大きく影響を与えました（正確には東方見聞録を読んだ、地球球体説を唱えた学者のトスカネリという人物がその知識をコロンブスに伝えました)。

東方見聞録は、私たちの住む日本を世界で初めてヨーロッパで伝えた本です。しかし、その内容は、なかなか突飛なもので、教会堂の屋根は黄金、大広間も天井も金の延べ棒でできていて、部屋のほとんどには分厚い純金製のテーブルがあると書いてあります。そして、また、赤い真珠があるという記述や、1281年の元寇（フビライハーンが日本へ2度に渡って攻め込んできた）の際、元の軍隊は京都まで攻め込んだとか、日本軍は奇跡の石を持って戦っていたとか…日本人としてはちょっと信じがたい話もたくさん載っています。

そして、あまり有名ではありませんが、衝撃的な話もしっかりと記載されています。現代語に多少かみ砕いて書きますと、次のようになります。

「ジパング（日本）の人間は、敵を捕虜にした際、捕虜の身代金が払えない場合、その捕虜を殺して亡骸を調理し、笑いながら皆でそれを食べている。そして、人間の肉というものはどんなお肉よりも美味しい、と彼らは言っている」。

日本人は、そんな人肉を食す文化はなかったはず………。読んでいるこっちがびっくりしてしまう内容です。一体どこの国と混同したのでしょうか。

しかし、コロンブスは、この内容をトスカネリから聞いたことによって、「黄金の国ジパングとスパイス大陸」の存在を知ります。そして、マルコ・ポーロの記述どおり、「ヨーロッパから大西洋を渡れば必ずスパイスの楽園である大陸本土に辿り着けるのだ」ということに確信を持ったのです。この突拍子もない物語から、かの有名なコロンブスという人物が、大海原にスパイスを求めて旅立つことになったのですね。

そのほかにも、ポルトガルの王子であり、航海者としても知られるエンリケは、熱帯アフリカからパラダイスグレインを持ち帰りました。喜望峰に辿り着いたことで知られるポルトガルの探検家バスコ・ダ・ガマは、インド西岸のカリカットに到着し、ポルトガル産の絹や織物と引換えに、シナモンやクローブ、宝石を積んで帰ってきました。

さらに、歴史上の人物といえば、アメリカ大陸を発見したとか、喜望峰を発見したとか、その功績にのみに目が行きがちですが、その目的が実はスパイスであったり、スパイスが絡んでいたりしていることがほとんどです。

誰の航海のときかはわかりませんが、スパイスを手に入れて母国に向けて出航する際、クローブを積みすぎて沈没してしまった船があるそうです。そのくらいスパイスを手に入れることに命を懸けていたのです。本当にスパイス獲得に必死だったのでしょう。

3 スパイスの定義

スパイスの定義なのですが、これがまた困った話題なのです。しっかりとした確実な定義が存在していません。スパイスの専門書を5冊揃えれば、すべて定義は違っていますし、10人の専門家を呼べば全員が異なった意見を言うでしょう。

例えば、一説では、**「スパイスは、食べ物や飲料に辛味や香り、色を付ける食品、または香辛料」**とあります。

ということは、魚の粉末（イメージとしては鰹節）もスパイスの一部であると説いている本や研究者もいます。魚の粉末がスパイス？　となる方、もちろんいらっしゃるでしょう。

また、ある人物は、「スパイスとは、亜熱帯地方や南国でとれたものである」と定義していますが、そうなると山椒はどうなるのだろうか…というのと、実は地中海沿岸やロシアでも栽培されているスパイスもあるので、それらはどうなのか…となってしまいます。

さらに、中世のヨーロッパの国々の定義では、「国外から輸入されるものがスパイス。自分たちの国内で育てられるものがハーブ」と定義しています。では、アメリカ大陸で採れるチリや中国で採れるシナモンや花椒、日本で採れる山葵などの和スパイスすべてがスパイスではないということになります。かなり大多数のスパイスが、スパイスではないと定義されてしまう形になりますね。

正直、これだ！　とバンっと提示できる「正解」はありません。ただ、一般的に言われることは、

「スパイスとは…乾燥した状態で、木の皮、幹、木の根、蕾であること」。

こちらが、世間一般的で言われるスパイスの定義だと思います。

そして、この定義に当てはまらない「フレッシュ（生）」、「葉や茎」に当たるものが「ハーブ」というくくりになります。

ですが、「ローズマリーというスパイスは生のハーブとしてもスーパーマーケットで売っている。ローズマリーはスパイスではなかったのか」というご質問をいただいたりもします。

確かに、生の状態という面で言ったらハーブだし、乾燥しているという面ではスパイスですよね。私もそのご質問をいただいたときは悩みました。

これに関して言えば、とある有名な会社のスパイスの講習にお邪魔したときに勉強したのですが、「ローズマリーはハーブ系スパイスです」と掲載されていました。正直、「あ、上手いな！ そう来たか！」と思いました。こういう生の状態でも乾燥した状態でも存在するものの場合は、「生の場合はハーブ、乾燥している場合はスパイス、両方の顔を持つ。ハーブでもありスパイスでもあるものだ」と割り切ってしまってください。

また、もう1つご質問されたのが、「ディルはスパイスであると習ったのだが、生のものでディルウィード（葉）というものがあった。これはスパイスなのか、葉であるという定義から言うとハーブなのか」というものでした。

実は、とても身近なものがあります。これと似た事例が「コリアンダーとパクチーの関係」です。コリアンダーは種子であり、パクチーはコリアンダーが成長して生えた葉っぱです。ディルは種子であり、ディルウィードはディルが成長して生えた葉っぱです。

つまり、この場合、「1つの植物から種（スパイス）と葉っぱ（ハーブ）が両方取れる場合がある」と割り切ってしまったほうが早いです。

このように、スパイスの定義がはっきりしていないがために、常にハーブと混同されてしまっているというのが現状です。

4　スパイスとハーブの違い

スパイスの定義が、本によって曖昧な部分があったり、個人の認識によって差が出てしまったりして、明確に定義しにくいとお伝えしましたが、「スパイスとハーブの違い」においても同じことが言えます。

しかし、1つだけ明確な違いがあります。それは、「丸ごと食べられるか否か」ということなのです。

スパイスは、「食料である」ということが大前提です。つまりは、様々な効能を持ちながらも、その1粒を「そのまま丸ごと食べても身体に害がない」ということがスパイスであることの絶対条件なのです。シナモンを例にとっても、スティックごと粉末にしてお菓子に入れて食べられます。

それに対してハーブは、「効能（薬効）があればすべての部位が食べられなくてもよい」という定義です。例えば、トリカブトは、綺麗なお花ですが、その球根は殺人事件でも使われてしまうくらいの猛毒です（ちなみに、球根のあだ名は附子。どんな美人でも、とんでもない顔に歪んでしまうほど強い毒性というのが語源らしいです）。

もちろん、トリカブトは極端な例ですが、スパイスには強い毒性（よく言えば薬効）を持っていて、丸ごと食べられないというものはまずありません。

ハーブは、チャイブやレモングラスなど、素敵なハーブの他に極端に強い効能を持つものも多いので、脱法ハーブという残念な言葉が生まれてしまったのかもしれませんね。

5　これだけは押さえておいてほしいスパイス15選

スパイスを使い始めるならば、このスパイスを知ってほしい！　というスパイス15個を掲載します。完全に独断と偏見で選別したものですが、それもこれも面白い背景を持っているものばかり。知っておくと確実に世界が広まるだろうなあと思ったスパイスたちです。

スパイスは、もちろんこの15種よりも膨大な数が存在しますし、正直一生かかっても勉強しきれない、マスターしきれないくらい奥が深いです。

しかし、この15種類を使えるようになれば、毎日の食卓の彩りは華やかになり、また、スパイスに含まれる効能によって、食生活の改善や栄養摂取のお手伝いが少しでもできるかと思います。

ちょっと見慣れないスパイスもあるかと思いますが、基本的にスパイス専門店でしか手に入らないスパイスは書きません。

なお、ブラックペッパーやジンジャーは、のちほど詳しく触れる項がありますので、皆様にとってとても一般的なスパイスではありますが、この節では割愛させていただいております。

毎日の料理が少しでも楽しく、ちょっと華やかになればいいなあと思います。

シナモン

シナモンと言えば、チリや胡椒と並び、スパイスの代名詞とも言えるスパイスです。独特の香りとあの甘さ。食べたことのない方はいないのではないでしょうか。

実は、シナモンの仲間である有名な木が日本にあります。それはクスノキ。クスノキは、学名がCinnamomum camphoraと言い、シナモンの仲間なのです。クスノキを今度見かけたら鼻を近づけてください。シナモンほど強くはありませんが、あの独特の香りを嗅ぎ取れることでしょう。

シナモンは、歴史が深く、旧約聖書の中にすでに登場しています。シナモンの甘い香りには、媚薬効果や催淫効果もあると言われ、なんと旧約聖書の中には、掻い摘んで要約しますと「私のベッドに上質で素敵なシーツを敷き、没薬、アロエ、シナモンを持っておいで。そして（その香りで溢れたベッドで、香りとともに）朝まで愛し合おうではないか」という、なんとまあ女性へのストレートな誘い文句が書かれている一節があります。

また、シナモンの香りは、高貴な香りとされ、貴族社会で様々な状況において使われてきました。かのローマ5代目皇帝ネロは、妻の葬式のときには1年分のシナモンを炊いたと言われています。

そんな昔から使われ続けていたシナモンですが、その詳しい性質や特徴などについてはあまり知られていないと思います。

【図表１　カシアシナモンとセイロンシナモンの違い】

	カシア	セイロン
表皮	ザラザラ・固い	すべすべ・やや柔らかい
味	濃い・キツイ甘さ	上品・やや甘い
香り	強い	爽やかにふわっと香る
巻き方	渦巻き型	ハート形
用途	煮込み向け	粉末にして製菓など
値段	安価	やや高価
		（真性シナモン）

シナモンと一括りにしても、実はシナモンは2種類あります。１つはセイロンシナモン、もう1つはカシアシナモンです。この2種類、実は使い方がかなり違います（図表1参照）。

一般的に「シナモン」と言われると、カシアシナモンのことを指します。イメージ的にまとめると、カシアシナモンは全体的に無骨なイメージ、セイロンシナモンは全体的に上品なイメージです。日本では、中国産のものが多く出回っています。

味は、カシアのほうがややきつく、粉末にしてお菓子や料理に使うのは少々ハードルが高いと思います。ホットワインやビーフシチューに入れて煮込んで臭み消しやフレーバーにするのがいいでしょう。

そして、セイロンシナモンの一番下に「真性シナモン」と書いてあります。文献によっては、「カシア、セイロン、真性シナモンの3種が存在する」とありますが、真性シナモンは、セイロンシナモンと同義であると考えてよいでしょう。

この他シナモンリーフ、シナモンバークなど、シナモン関連のお話はたくさんありますが、アロマのお話も入ってくるのでこの辺で…。

カルダモン

カルダモンというスパイスの名前自体を聞いたことのある方は、そんなに多くないかもしれません。ですが、私、スパイスの中ではこの香りがだーい好きです。一番好きかもわかりません。清涼感のあるエキゾチックな香り。

実は、私の周りでカルダモンの香りが嫌いという人は見たことがありません。そういった面では、好き嫌いの激しく分かれるスパイスの世界の中では貴重なスパイスかもしれません。

カルダモンは、ショウガ科のスパイスです。ジンジャーのお仲間です。和食や家庭料理にはかなりの高確率でショウガは入っていますよね。煮物にしろ、生姜焼きにしろ、鳥のから揚げにしろ、味付けやお肉の臭み消しで使われている機会は多いはずです。和食で小さい頃から慣れ親しんでいる香りだからこそ、日本人で嫌いな人は少ないのだと思います。

カルダモンは、大きく分けて３つの種類があります。通常、私たちが手に入れることのできるグリーンカルダモン、二酸化硫黄で漂白したホワイトカルダモン、質が劣り、やや大味なブラウンカルダモン、この３種類です。

グリーンカルダモンがこの3種類の中では一番良質とされていますし、日本では一番手に入りやすいです。また、グリーンカルダモンは、とても良質なものとそうでないものを見分けやすいスパイスです。

カルダモンは、質が悪くなればなるほど香りがショウガの香りに近づいていきます。また、色もきれいな黄緑から黄色に変わってきます。香り自体も、エキゾチックないい香りというよりは、キツイ香りになってきます。形も、質が劣るにつれ、丸形から細長くなっていきます。中身ももちろんスカスカになってきます。

そんなカルダモンは、その素敵な香りから別名「香りの女王」と言われています。古代エジプトでは、「聖なる燻煙」として、お祈りの際に必ず炊かれるお香として使われていました。その名前に恥じず、スパイスの中でも値段はお高め。

そして、日本ではまだあまり馴染みがないかもしれませんが、北欧ではコーヒーによく使われています。コーヒーのカフェインをカルダモンが消してくれると信じられているからです。

また、アラビア砂漠の遊牧民族、ベドウィン愛用のスパイスでもあります。彼らは、客人が来たら、カルダモンコーヒーを入れておもてなしをします。そして、面白いことに、その使用するカルダモンをコーヒーに入れる前に客人に見せるそうです。「このきれいで素敵なカルダモンを使って美味しいコーヒーを今から淹れるんだよ。きょうは来てくれてありがとう。楽しみにしていてね」という歓迎の気持ちを表しているのでしょう。

スターアニス

スターアニス、別名は八角といいます。中華料理では、おなじみのスパイスではないでしょうか。現在は、中国とベトナムで栽培されています。よーく見ると、８つの角の中には丸いオレンジ色の種が見られます。実は、この種にも外部より味は薄いですが、スターアニスの独特の味がついています。ジャムやお肉の臭み消し、スイーツやスープなど満遍なく使えるスパイスです。

いきなり変な話ですが、スターアニスについては、過去に死亡事故が起こっています。

日本には、ジャパニーズ・スターアニスというシキミ科で、スターアニスとよく似た植物（種子）が存在します。スターアニスの別名はトウシキミ。「シキミ」という名前の共通点があることからも、形がよく似ていることがうかがえます。ジャパニーズ・スターアニスのほうが小柄で、神社や墓地に植えられていることが多いです。

このジャパニーズ・スターアニスは、猛毒で、植物で唯一劇薬指定されています。第二次世界大戦前、スターアニスとジャパニーズ・スターアニスのそっくりさに目を付けた日本人が、猛毒だと知らずに「ジャパニーズ・スターアニス（日本版スターアニス）」という商品として海外に輸出してしまいました。そして、それを買って食べてしまった海外のお客様が数人亡くなってしまったそうです。また、平成に入ってからも、山登りに入った20代の若者が、ジャパニーズ・スターアニスを採取してきて、それをパンケーキに混ぜて焼いて食べてしまい、中毒を起こし、病院に運ばれ、九死に一生を得たという話もあります。

皆様、日本には、スターアニス（八角）の木は生えていないということを覚えておいてください。

また、この2つの異なるアニスは、香りもしっかりとした違いがあり、スターアニスは「アネトール」という香り成分を持っているため、同じ成分を持つアニスやフェンネルなどと同じように甘くてちょっとスパイシーな香りがします。対してジャパニーズ・スターアニスは、テレピンという松科の合油樹脂のような香りがするので違いは一目瞭然です。

ジャパニーズ・スターアニスを食べてしまうことはそうそうないと思いますが、香りにも違いがあるということも、危険回避のために覚えておいてください。

効能としては、口臭消し、咳止め薬の香りつけ、利尿作用、また、風邪のひきはじめ、悪寒のするときに食べると風邪熱を飛ばしてくれる働きも期待できます。

＊五香粉
スターアニスは、中華でおなじみ、五香粉に含まれる代表的なスパイス。から揚げに振っても、豚の角煮、チャーハン、どれにもとても合う。ぜひいつもの中華料理のワンランクアップにお試しあれ！

クローブ
このスパイスをかじった方皆様が言うのは「うわ、漢方の味！」「どっかで嗅ぎ覚えのある味」

というコメントです。

このクローブは、料理やお菓子に入れて使いこなすというのは結構難易度高めです。その大きな理由としては、風味が独特なので、ちょっとでも使う量をオーバーすると料理全体が大失敗になってしまうことです。本当に！　本当に、少量から始めたほうがよいスパイスです。

例えば、クリスマスの時期によく見かける美味しいシュトーレン。あれにも大体の場合はクローブが使ってあります。気づかないですよね。しかし、なくてはあの美味しい風味は出ません。

クローブは、気づかないくらいの量で風味を利かすことがポイントです。料理や製菓のコツとして、クローブは、シナモンやバニラと相性がよく、クローブとシナモン、クローブのバニラのペアでお菓子に使うと、クローブのキツイ味が中和され、逆にシナモンとバニラの甘さ、風味がアップします。この合わせ技、とても使いやすいのでぜひ試してみてください。

また、クローブには、頭の丸い部分と、それ以外の枝の部分がありますが、頭の丸い部分のほうが甘く、あの強い風味もそんなにありません。味の繊細さにこだわる人は、クローブの頭の部分だけ取り除き、それを使っているそうです。

効能としては、口臭消し、歯痛止め、お腹を温める、性欲増進などが期待できます。

シナモン、カルダモン、フルーツ類を赤ワインと煮てスパイスワインにするのがおすすめです。

料理では、マサラチャイやカレー粉に含まれています。意外とイチジクや抹茶と相性がよいので、パウンドケーキやアイスなどスイーツと組み合わせるのもよいでしょう。

＊スパイス・ボジョレーヌーボー

毎年秋に発売されるボジョレーニヌーボー。楽しみにされてる方も多いのでは？　偶にはシナモンとクローブ、カルダモンを入れてグリューワインに。新しいボジョレーの楽しみが広がりますよ！　いろいろなボジョレーを試してみると面白いかもしれません。

＊クローブの足湯

寒くなってきたり、体調がすぐれないでお風呂に入りたくないときは足湯もいいですね。そんなときは、クローブをちょっと砕いて入れてみてください。香りもうっすら広がるし、なんとなくお湯だけよりも、足がポカポカしてきますよ。

クミン

クミンは、せり科の植物。あのカレーの香りのする植物です。もともと、ナイル川の上流で原生していました。カレーの他に、有名な食べ物としては、アメリカ南部の料理「チリコンカン」やモロッコ料理「クスクス」にも使われています。スペインではシナモンやサフランと一緒にシチューにも。また料理だけではなくパンに使ってもまた美味しい。各国で幅広く使われています。

クミンは、数あるスパイスの中でも抜群に扱いやすく、初心者の方から使い慣れている人にまで、すべての方におすすめできるスパイスです。

形がキャラウェイに似ていることから混同されることもしばしばですが、味も香りも全く別物。気をつけてくださいね。

いろんな料理に合わせやすいことから、「民間消費量ナンバーワンスパイス」とまで言われるほどです。でも、スパイスはスパイスなので、使いすぎは厳禁。入れすぎるとあっという間に薬臭くなってしまいます。

豆知識として書き足します。カレーや野菜炒めをつくる際、一番最初の野菜やお肉を炒める前に、油にクミンの香りを移すために油でクミンを炒めると思うのですが（このように料理の一番最初に使うスパイスをスタータースパイスと言います）、このときに使う油はサラダ油がベストです。

いつも炒め物にはオリーブオイルを使っているわと言う方も、もっと高級な油を使っているわと言う方もいらっしゃると思いますが、あまり油独自の味が強いものを使うとクミンの味が消えてしまうのです。油にスパイスの香りを移したいのに油の香りにクミンの香りが消される結果になります。

ぜひ、このときだけは、シンプルで香りの薄いサラダ油でチャレンジしてみてください。

なお、クミンを使う際は、クミンを指でくしゃっと潰してから使うと更によいです。クミンのよい香りが倍増します。

さらに、クミンと一番相性のいい調味料をご存知ですか。それは、日本人の大好きなお醤油です。騙されたと思って使ってみてください。本当に相性抜群です。クミンで炒め物をつくった際に仕上げに一たらし。クミンライスをつくるときも、炊きあがった炊飯器の中に一たらし。そして、混ぜる。これだけで味が全然違います。

クミンは、どこのスーパーマーケットでも必ず売っているので、ぜひ買っていろいろな料理にお醤油と一緒に試してみてください。

スパイス専門店に行くと「ブラッククミン」というものが売られています。これもクミンの一種ですが、普通のクミンより小粒で、甘い香りがします。ちょっと干し草のようなクミンとは違った独特の香りがします。

ちょっと遠出すれば手に入らないスパイスではありませんが、普通のクミンのほうが断然扱いやすいので、家庭に常備するならば普通のクミンをおすすめします。

フェンネル

フェンネルは、せり科の植物で薄い緑色の種です。消化促進の効果が謳われているスパイスで、「ウイキョウ」という名前で胃薬などによく使われています。

フェンネルは、「女性に優しく、男性に厳しいスパイス」でもあります。フェンネルには、女性ホルモンに働きかけ、母乳の出をよくする効果があります。17世紀に存在したハーバリストである有名なカルペパーによると、「(種や葉を)大麦湯で煮たものは、授乳期の母親の母乳を増やすので子供の健康にもよい」とあります。

実際、フェンネルティーが好きで、毎日飲んでいたハーブ好きな知合いのご婦人が、「いきなり母乳が出てびっくりしたわ。子供産んだのなんてもう何十年も前なのに！」と言っていました。

一方、逆に、男性は注意です。食べすぎると精子を減らしてしまう効能も併せ持っているので、あまり食べすぎると男性不妊を招く原因にもなりかねません。男性の方、気をつけましょうね！

味は、とても優しく、葉は「魚のハーブ」ともいわれるくらい魚料理に合います。魚料理やコンソメスープ、塩味のパスタなど、薄味の料理にぴったりなスパイスです。

ちなみに、「フローレンス・フェンネル」（図表２）と別名を持っている、種ではなく、植物として売られているフェンネルも、稀ですがスーパーマーケットで売られています。

しかし、こちらは、可憐な名前に似合わず、すごく巨大なサイズまで成長するので、スーパーマーケットで見かけたときに面食らってしまうこと請合いです。

【図表２　フローレンス・フェンネル】

＊フェンネル・ホットショコラ
寒くなると、ホットチョコレートが飲みたくなるのは、私だけでしょうか。
ホットチョコレートドリンクを買ったらその中にフェンネルシードを１つまみ散らしてみてください。チョコの甘い味の中に、ちょっと清涼感のあるすっきりした優しい甘味がいいアクセントになります。

キャラウェイ

キャラウェイは、せり科の植物で、クミンと形が似ていますが、味は全然別物なスパイスです。キャラウェイは、日本ではあまりなじみがありませんが、ドイツやオランダではチーズやライ麦パンに入っていたりします。特に有名なのは、ドイツで好まれるキャベツの酢漬け「ザワークラウト」。イタリアの赤いお酒で日本でもよく飲まれる「カンパリ」にも入っています。

また、なぜか「相手をとどめておく」という言伝えが多いスパイスでもあります。キャラウェイを彼氏や旦那のポケットの中に入れておくと浮気しないとか。

さらに、鳩に食べさせれば道を間違えない（優秀な伝書鳩になる）という言伝えがあります。

消化促進、腹痛、気管支炎を和らげる効果があると言われています。

＊キャラウェイ・チーズトースト

キャラウェイとチーズはとっても相性がいいです。食パンに玉ねぎとチーズ、キャラウェイを1つまみ。とっても美味しいチーズトーストが出来上がります。

キャラウェイのおかげでチーズが重く感じないので、ペロっと食べられちゃいます。

ポピーシード（芥子）

あんぱんの上に乗っているケシの実。別名ポピーシード。

ポピーシードからとれる油はとても良質で、油絵の油にも使われます。
しかし、ポピーシードといえば、麻薬のアヘンを思い浮かべる方も多いのではないのでしょうか。ポピーは、大昔、イスラム教の創始者ムハンマドの生きていた時代には、コレラやマラリアなどの流行り病の治療薬として活躍していたスパイスです。ポピーとアヘンは同じ植物からとれますが、同じものではありません。

＊アヘン…未熟なさく果を切るとにじみ出てくる乳液を乾燥させたもの。アヘンからモルヒネなどの薬が得られる。現在はその中毒性から、各国で一般栽培は禁止されている。

＊芥子の実（ポピーシード）…芥子の花の「種」そのもの。正確に言えば「さく果」の中に入っている種をしっかり乾燥させたもの。乳液とは違い、催眠作用がないので、食べても、嗅いでも無害。また、種の色も3種類存在する。インドで一般的な種類のマスタードシードは、１０００個で０・５gという軽さ。

オールスパイス

「オールスパイスって、ミックススパイスじゃないの？　だって、オールって書いてあるじゃない！」というお声もちらほら。はい、オールスパイスはれっきとした単体のスパイス。ミックススパイスではありません。

オールスパイスには、面白い逸話もあります。このオールスパイスの世界での第一発見者は、コロンブス。彼は、このスパイスをカリブ諸島で発見したのですが、コロンブスはオールスパイスをなんと黒胡椒と勘違いして持ち帰り、そのため学名にはスペイン語でペパーを意味する「ピメンタ」という名前がついています。そして、オールスパイスの別名は、ジャマイカンペッパーといいます。

オールスパイスは、栽培が難しく、今でもジャマイカやメキシコなど「アメリカ大陸」でしか栽培ができません。原産地が少ないので、スーパーマーケットで手に入るスパイスの中ではやや高価です。

オールスパイスと呼ばれる理由は、名は体を表すという言葉そのもので、複数のスパイスの香りがするためにそういう名前がついています。シナモン、クローブ、ナツメグを併せ持った香りがして、甘い香りというよりは、ややシャープな香りです。和名では三香子とも呼ばれます。

パンやお肉の臭み消し、ピクリングスパイス（野菜のピクルスをつくるための味つけ）によく使われるスパイスです。

アニス

キャラウェイ、フェンネル、ディルなどの仲間で、甘い風味のスパイスです。消化を助けるスパイスとして昔から重宝されてきました。

古代ローマ時代には、すでに食事の場面で使われていたことがわかっており、肉料理の後にアニスで風味づけしたケーキを食べて消化を助けることが普通だったそうです。今でも口直しと消化促進の意味で、インド料理やカレーの後にカラフルな砂糖でコーティングしたアニスシードを配ってくれることがあります。

あの「食後のスパイス」もお店によって様々で、キャラウェイやポピーシードとミックスしてあったり、キャラウェイメイン、砂糖でコーティングしてある、何も細工なくそのままダイレクトに器に入れてあったりと、そのお店の個性が出ます。

また、アニスは、風味が甘いため、キャンディとして売られていたり、子供用の咳止めシロップの甘みつけにも使われます。

ギリシアのウーゾ酒というポピュラーな国民酒の風味づけにも。インドでは香水にも使われています。

アジョワン

アジョワンも、あまりなじみのないスパイスかもしれません。このスパイスは、どちらかというと、料理に使うよりも、精油を得るために栽培されている植物（スパイス）です。

腸内のガスの発生を抑える働きがあるため、お腹の張りや消化促進に効果のあるスパイスと言われています。魚料理にもカレーにも使われます。

面白いことに、インドでは、船酔いしたらアジョワンを食べると酔いが覚めると言われています。船酔いや車酔いがひどい人は、酔い止めの代わりに使ってみるといいかもしれませんね！（著者、全く車酔い、船酔いをしないので実験できず…すみません)。

ただし、このスパイスは、とても風味が強いので、1度に大量摂取はおすすめしません。逆に、スパイスの苦手な方は気持ち悪くなてしまうかも…。

アジョワンの香り成分のチモールには、防腐効果、殺菌作用が認められ、それが大変重宝されています。古代エジプトのミイラづくりにも使われていました。マウスウオッシュや歯磨き粉、石鹸、軟膏に使われている成分です。また、このチモールという成分は、実はタイムにも含まれています。

ジュニパーベリー

セイヨウネズとも呼ばれるスパイスです。ジュニパーベリー自体とても味が強いので、クローブ同様、使いすぎには気をつけてほしいスパイスです。

ジュニパーベリーの精油は、アロマの世界ではよく使われていますが、ジュニパーベリー自体をスパイスとして使うことはあまりないように思います。人によっては、「口に入れるとほのかに松の香りがする」という感想もあります。これも日本ではあまりなじみがないですが、料理としては使用できる範囲が広いスパイスです。ジンの香りづけがとくに有名です。

香りがとっても強いので、お肉(特にジビエ類など特に癖の強い香りのもの)の臭み消し、ザワークラウト、フルーツケーキに使われます。食べ物以外でも、香水、殺虫剤、染料などに使われます。形が可愛いのでハーバリウムの中に入れるのもいいと思います。

ジュニパーベリーは、いくつかの種類が存在しており、コモン・ジュニパーと呼ばれる種類が普段私たちが料理やアロマの精油に使っているものです。それ以外のレッドシダーやジュニパー・サビナと呼ばれる種類は、毒性が強すぎて使用不可と言われています。それらに含まれるポドフィロトキシンという精油が毒性がとても強いのです。

しかし、スパイスとして使う上では（スパイス売り場、食料品売り場では）、食用のジュニパーベリーしか売られていることはないので、毒性のジュニパーベリーを食べることは日常ではまずないでしょう。

効能としては、尿道炎、痛風、リューマチの改善に効果が期待されます。しかし、子宮を刺激する働きがあるので妊婦は使用を避けたほうがいいでしょう。消化器系の炎症を抑える働きもあります。

＊ライムとジュニパーベリーのマフィン

ライムとジュニパーベリーは相性抜群！　いつもつくるマフィンのレシピで、マフィンの生地をつくったら、生のライムのしぼり汁、もしくは市販のライムのエッセンスを入れる。そして、砕いたジュニパーベリーを混ぜて焼くだけ。あっという間にスパイスマフィンができます。

特徴的な味ですが、結構癖になる忘れられない味です！

ヴァニラ

ヴァニラは、スーパーマーケットで買うことができますが、１本１，０００円はする高価なスパイスです。

ヴァニラの天然の生産方法は、ハミングバード（ハチドリ）によって花粉を運んでもらう受粉方法のみです。しかし、今、メインの生産地はインドネシアで、そこにはハミングバードは存在しません。そのため、現在は人工授粉させたものが主流になり、どこでも栽培できるようになりました。

また、１８４１年には、ヴァニラの香り成分のバニリンを人工的に合成できるようになりました。今では人工のバニリンが主流で、市場に出回っている9割のヴァニラが合成のものになっています。

天然のヴァニラは、未熟なうちからヴァニラのさやを摘み取り、複雑なプロセスを経て加工します。普通なら、スパイスは、完熟してから摘み取り加工するものが多いのですが、ヴァニラは違います。天然のヴァニラは、希少価値とこの複雑な製造過程や手間が相まって、高価なのです。

＊ヴァニラの香り嗅ぎ比べ

産地によって明らかな香りの違いを感じやすいのがこのスパイス。

レユニオン産だったら、どちらかというと薬に近い芳香がするし、マダガスカル産だったら、上品で柔らかい香りがします。

全部の産地の香りを嗅いだことはありませんが、コンプリートしたいです！

＊ヴァニラシュガー（つくり方）

ヴァニラのさやに包丁を入れ、中身のヴァニラビーンズを取り出し、さやを乾燥させ、密封容器にグラニュー糖と一緒に入れておきます。数日でヴァニラの香りがグラニュー糖に移り、ヴァニラシュガーができあがります。

ヴァニラのさやは、何度でも使えるのでとてもお得。

ローズマリー

ローズマリーは、シソ科の植物です。生のフレッシュのままでハーブとして用いられることもあれば、乾燥した状態でスパイスとして使われることもあります。

ローズマリーは、地中海沿岸に生える植物です。海の近くに生えているため、「海のしずく」とも呼ばれています。

ローズマリーには、記憶力を改善する力を持つカルノシン酸が含まれていることが証明されており、古代ギリシャでは学生たちが頭にローズマリーの枝を差し、受験に臨んだそうです。

また、さわやかな香りからは、リラックス効果が期待され、それによりイライラによる暴飲暴食を避けることができるという理由で、「食欲減退スパイス」と言われることもあります。

ローズマリーは、その他もとても有能なスパイスで、記憶力改善効果を期待できるロスマリン酸には花粉症を和らげる働きもあります。解毒作用を高める効果があると言われているカルノシン酸も持ち合わせ、スパイス・ハーブ類の中で1、2を争う高い抗酸化作用を持っています。

17世紀の南フランスでは、ローズマリーの入った香水を肌に塗っていたおかげでペストに感染せず、死をまぬがれたという話が残っているくらいです。

ローズマリーは、お肉の香りづけ、スイーツ、スープにも使われ、綺麗な緑色をしていることから、白身魚の料理やホワイトシチューの飾りつけにも最適です。また、ブーケガルニの中にも入っています（メーカーによって入っていない場合もあります）。

＊ローズマリークリームチーズタルト

あっさりしたクリームチーズにローズマリーは好相性。クリームチーズと一緒にレモン汁と砕いた（切った）ローズマリーを入れてみてください。一味違った美味しいクリームチーズタルトの出来上りです。

フレッシュローズマリーを使ってみてもいいです。

＊ローズマリーチキン

塩とガーリックを振ったポテト、鶏肉、玉ねぎにローズマリーを挟み（散らし）、オーブンでじっくりと焼き上げてください。薄味ですが美味しいハーブチキンの出来上りです。

ローズマリーの代わりにディルウィードでも代用できます。

ローリエ

ローリエは、スペイン語です。フランス語、英語ではベイリーブスとも言います。和名では月桂樹。古代ギリシャでは栄光の象徴として、競技優勝者が被るシンボルとなっていました。

地中海沿岸での栽培がメインなので、地中海やヨーロッパではとてもなじみのあるスパイスです。トルコやギリシャなどの地中海沿岸やヨーロッパでとれるローリエは、葉が丸みを帯びていて、アメリカでとれるローリエは、葉が細長いものになっています。

煮込み料理、ブーケガルニ、スープなど用途が多様なこと、また家庭で栽培しやすく手に入れやすいことから、「世界で最も使われているスパイスの1種」とも言われています。

基本的に乾燥した葉を使いますが、生でも使用可能です。しかし、少々青臭く、苦みがあります。たまに、ホール（乾燥した木の葉）を砕いてローリエパウダーとして使用できないかと思う方がいらっしゃいますが、人の力では木の葉を粒子レベルのパウダーにするまで粉々にはできないのでやめたほうがいいでしょう。

ホールで使うのが主で、消化促進作用や整腸作用が期待できると言われています。家庭料理では、カレーやシチュー、ブイヤベースなどの際に使うことが多いスパイスです。

6　スパイスの保存

スパイスが苦手なものは、主として2つあります。「湿気」と「直射日光」です。

スパイスは、カビが生えます。湿気ます。

例えば、買った袋詰めのスパイスを開封してそのまま放置した結果、大小のダマが袋の中にできていたことはありませんか。あれは、スパイスが湿気って固まってしまった結果です。湿気ると、風味も落ちますし、香りも飛びます。買ったら必ず密封容器に入れること。乾燥材を入れてもいいでしょう。

また、意外とやりがちなことですが、冷蔵庫で保管することは推奨しません。確かに、冷蔵もできるし、外気に触れないから湿気ないだろうと思いきや、冷蔵庫の中の温度と外気の温度差で容器が結露してしまい、スパイスに水分を吸わせてしまう結果となります。

スパイスは、常温、もしくは冷暗所での保存で十分です。日の当たらない棚の中でよいでしょう。棚に保管する際は、スパイスの前に別のものを置いて保存すると、見えなくなって存在自体を忘れます。それと、香りの移りやすいものと一緒に棚の中に置かないでください。すぐにスパイスの香りは移ってしまいます。

また、スパイスの賞味期限は、おおよそ半年~1年くらいです。保存状態にもよりますが、明らかに変色していたり、香りが何もしなくなってしまったスパイスは処分しましょう。それは、もはや単なる粉です。

7 スパイスはどこで手に入る?

よくいただくご質問の中に、「スパイスはどこで手に入れてるんですか」というものがあります。正解は、今住んでいるマンションから徒歩2分のスーパーマーケットの食品売場です。シナモンスティックは、約200円です。

スパイスは、まだまだ「特別なもの」というイメージが強いらしく、「特別な場所でしか買えない」と思われている方が多いですが、そんなことは全くなく、普通のスパイスなら近所のスーパーマーケットで十分に買えます。

少し大きなスーパーマーケットならば、「お砂糖」「油」「お菓子」とコーナーが分かれているように、「スパイス」コーナーが個別にしっかり設置してあります。昨今の健康ブームで需要があるからなのか、10年前と比べるとスパイスコーナーは広くなったと思いますし、スパイスのレシピを何種類も無料配布しているところもあります。

私のモットーは、「誰にでも簡単につくれる家庭スパイス料理、スパイスお菓子」ですので、「誰にでも簡単に手に入る」ご近所のスーパーマーケットで売っているようなスパイスしか基本的に使いません。

ただ、少々高級な料理会でスパイスを使う場合や、大量に使う場合、スパイスにこだわりたい場合は、異なる場所から仕入れます。ＴＰＯによって使い分けています。

次に、状況別にいくつかお店をご紹介させていただきます。

ちょっと高級なスパイスを使ってみたい方へ

高級なスパイスを使ってみたい方へおすすめなスパイスブランドは、「朝岡スパイス」様です。スパイスの質もさることながら、透明な瓶に入ったスパイスが特徴です。この透明で丈夫な瓶も「使い終わった後も飾っておきたい」と主婦に人気な理由の1つです。

新宿の伊勢丹や日本橋など、都内に数十店舗を構えています。

それなりに、もちろんお値段は張りますが、スパイスの質、大きさ、量も申し分ないですし、「焦がし玉ねぎペースト」など、重宝するけど自分ではちょっとつくるのが億劫だなと思ってしまうような便利な食材も売っていたりします。ミックススパイスの種類も豊富ですし、味も香りも最高峰のスパイスブランドですので、ぜひ1度お試しください。

また、意外にも、紅茶のイメージの強い某高級メーカーからもスパイスは販売されています。こちらは、スーパーマーケットで購入することができますが、やはりややお値段お高めです。とても容器の柄がおしゃれだったのを覚えています。意外な会社がスパイスを取り扱っていることも多いです。

大量に使う場合、業務用の場合

大量に使う場合、私は、業務用のスパイスを売っているお店で買い込んでいます。特に、大量消費してしまうクミンシード、クミンパウダー、バジル、オレガノなどは、がっつり大人買いです。

上野のアメヤ横丁の真ん中のビルの地下に食品街があり、そこにはアジア食材からちょっとびっくりするような中華食材、生きたままの海鮮類など様々なものを売っています。そこの「大津屋」様で、業務用スパイスは買うことができます。

普段買うと高いピンクペッパーなども、倍の量を嬉しいお値段で買えたりします。ネット通販もやってらっしゃるので、もし上野が遠いな、行きにくいなと思うならば、ネット通販で探してみるのもいいと思います。

最後のページの参考文献のところに大津屋様のＵＲＬを貼らせていただきました。

こだわりたい方へ

おそらく皆様の中には、「オーガニック」にこだわっている方も多いと思います。最初に言っておきますが、スパイスはすべてが無農薬栽培というわけではではありません。したがって、もしオーガニックにこだわる方は、「オーガニック」「無農薬」と表記のあるスパイスを探してください。ちなみに、オーガニックのほうが値段も高いですが、香りも強く、また味も比較的まろやかであると言われています。

オーガニックのスパイスの会社として著名なのは、「ＶＯＸＳＰＩＣＥ」様でしょうか。大手高級スーパーなどで見ることもできます。

そのほかにも、おすすめなお店はあります。こだわりのミックススパイスをつくることができる、自由が丘にお店を構える「香辛堂」様。

なんと、日本初の「オーダーを受けてからミックススパイスを調合してくれる」お店です。通信販売ももちろんしてくれますが、落ち着いていて、素敵なスパイスがずらりと並んだ店内を見に自由が丘へ足を運ぶことをおすすめします。少しスパイスについて知識がついてきたならば、どんなミックススパイスが、どんな味がするのかわくわくしてくるはず！　そして、香辛堂さんに来たならば、オリジナルのサングリアもぜひゲットしてください。とても美味しいので、自分のみでは飽き足らず、私は友人への誕生日プレゼントにさせていただきました。

また、カレー大好き！ 本格スパイスカレーを極めたい！ というお方へ。お店というわけではありませんが、「ＡＩＲ ＳＰＩＣＥ」というスパイスセット通販サービスがおすすめです。

このサービスは、なんと月替りで違うカレースパイスセットが送られてくるというもの。1年で12個のカレーを手づくりできるということです。

これなら自宅にスパイスをストックしておく必要はありませんし、スパイスカレーのつくり方だけでなく、スパイスカレーのアレンジの仕方まで知ることができます。手づくりのスパイスカレーにこだわる方にはとってもおすすめです。

スパイスは、今や食料品と同様に、気軽に、手軽に手に入るものとなりました。しかし、買うお店や目的次第では、いつもと違う発見ができるかもしれません。ここに掲載させていただいたお店は、あくまで「日本で」買うことが前提ですが、もう1つおすすめのスパイスを手に入れる手段があります。ぜひ海外でスパイスを買ってみてください。

イギリスやフランス、中国や台湾やインドなど…。その土地その土地のスーパーマーケットすべてでミックスの仕方やお値段、香りなどが異なるので、手に取ってみるだけでも楽しいし、買って帰ってみて料理やお菓子づくりに使ってもとても面白いと思いです。

ただし、国によってスパイスの呼び方が結構違ったりすることが多いので、購入するときに言葉の壁を感じるかもしれませんが、それもそれで購入する過程として楽しんでください。

第2章　スパイスを使ってみよう

1　スパイスの種類

スパイスには、単体、ミックススパイス、スパイスシーズニングの３つの種類が存在します。特に、シーズニング認知度が低く、今ここで初めてシーズニングという言葉を知ったという方もいるでしょう。これらをすべて合わせると約３００種類のスパイスが存在するといわれています。

単体は、スーパーマーケットや専門店で、瓶詰め、袋詰めで1種類単独で売られているものですが、勘違いしている方が多く、注意すべきは、ミックススパイスとシーズニングの違いです。

ミックススパイスは、いくつかのスパイスを単純に混ぜたもの（ガラムマサラやティーマサラなど）で、スパイスシーズニングとは、数種類のスパイスが混ぜてある上に、塩やクエン酸などスパイス以外のもので味つけしてあるものを指します。スパイスというよりは、ソースやケチャップなど調味料に近い扱いになります。

ミックススパイスは、料理に使う際、塩胡椒、その他味の調整を自分でやらなければなりませんが、スパイスシーズニングはそれ自体に美味しい味がもうついているので、そのままお肉に揉みこんだり、スープに投入すれば、好み云々の問題はありますが、ある程度の味にはすぐ仕上がります。

時間がないとかスパイスのブレンドすることに自信がないという方には、シーズニングをおすすめします。ただし、化学調味料を使って調味してあるものも多いので、そういった添加物に敏感な方はその点だけ留意してください。

2　スパイスが近年注目されている理由①

近年は、明らかな健康志向ブームです。スーパーフード、マクロビオティック、ローフード、薬膳など、様々な健康食や体に優しいと謳われる食事法がたくさん登場しています。その中で、スパイスが、それらに埋もれずいまだに注目されている理由は何でしょうか。

まずは、「減塩・減糖」効果が期待できることです。スパイスは、いわば天然、無添加の香辛料。味わえばわかりますが、スパイスにはそれぞれ独特の「味」がついています。クミンだったら所謂カレーの味、シナモンやアニスだったらふわりと香る甘い香りと甘い味。そんなスパイスの元来のうま味や甘みを入れることによって、下味に使うお塩や甘みに使う白砂糖の減少が図れます。

私も、パウンドケーキをつくる際は、白砂糖の量を「パウンドケーキの黄金比率」と言われる量から30g引いて使っています。代わりに入れているのは、シナモン大さじ1杯のみです。それだけでも「甘くない」と言われたことはないですし、むしろ、「このケーキ甘いね」と言われたこともありました。白砂糖が減るならば、お菓子好きな方でもダイエットに効果があるかもしれませんね。

そしてもう1つ。これぞスパイスの代名詞というべきものかもしれませんが、「冷え性対策」です。この冷え性対策に関するお話は次項に続きます。

3　スパイスが近年注目されている理由②

スパイスといったら、「体ぽかぽか冷え性対策」というイメージが強くある方もいらっしゃるでしょう。寒くなってくれば、自動販売機にはジンジャーの入った暖かい飲み物が並び、カフェやレストランでも体の温まるシナモンやジンジャーの入ったスープや食べ物や、ちょっとおしゃれにスパイスで煮だしたグリューワインなど並び始めると思います。

しかし、寒い時期、実はジンジャーやシナモンは、少々使い方に注意が必要なのです。秋になってくると気温も下がり、空気も乾燥してきます。咳も出やすくなり、体調を崩しやすい嫌な季節に入ってきます。空気が乾燥してくると、体の中の水分がなくなってきて、その結果、肺やのどが乾き咳が出やすくなったり風邪を引きやすくなったりするのです。

ところで、ジンジャーは、体がぽかぽかしてくるスパイスですが、同時に発汗作用やダイエット効果も謳われています。そんなカラカラに乾燥している秋の身体に、発汗作用を持っているジンジャーを採りすぎたらどうなると思いますか。さらに、体の水分が抜けきって、体調だけでなく大事なお肌にも影響が出てきます。乾燥肌の人はさらにカサカサ肌になってしまいます。

したがって、秋や冬にジンジャーを採るときは、食べすぎてはいけません。体中の水分を必要以上に飛ばしすぎる可能性があります。秋冬にジンジャーを採る場合は、スープにして飲んだり、りんごなどフルーツと一緒に食べたり、必ずなにか水分と一緒に体の中に取り入れるようにしてください。

　ちなみに、中国では、長ネギ、ガーリック、ジンジャーの３つは「植物抗生素であり、３種の神器」とまで言われています。ですが、体によいとは言え、何事も取りすぎは厳禁です。

　次項には、寒い日に試してほしい、お手軽おすすめなジンジャーレシピを掲載しておきます。

4　秋・冬におすすめのジンジャーレシピ

りんごの黒糖ジンジャーコンポート

＊材料（4人分）
・りんご…1個
・水…２００ml
・ジンジャーパウダー…小さじ3
・黒糖…大さじ8

＊手順
① りんごの皮を剝いて1～1・5㎝の厚さにスライスする
② 鍋にすべての材料を入れ、中火で10分程度煮る

③　りんごに火が通ってしんなりしたら完成

＊ワンポイント

シャリシャリした食感が好きならば、りんごの厚さを2～3㎝にしてみるか、または煮る時間を短縮してみてください。

もし、ジンジャーが辛いと感じたら、ジンジャーの量を少なくするか、もしくは仕上げに少しはちみつを入れてみてください。

また、クローブやシナモンを入れてみても風味が変わりますし、梨やサツマイモを代わりに煮てみてもいいかもしれません。

りんごには、身体を潤す効果、黒砂糖は、白砂糖と違って身体を温める効果があります。女性に嬉しいレシピです。

5　冷え性と注意点

ジンジャーは冷え性対策に使われると前述しましたが、冷え性というものは女性にとって最大の敵と言っても過言ではありません。体が冷えていいことは1つもないと断言することができます。

「風邪は万病のもと」と言いますが、その風邪を引くことの原因は、冷えによる体の抵抗力の低下です。体温が1℃違うと、がんにかかりやすくなるリスクが6～7倍違うと言われています。

また、女性の場合、妊娠中の冷えにも要注意です。子宮が冷えていると、染色体異常の赤ちゃんを産みやすいと言われていますし、逆子の原因も冷えです。お腹の赤ちゃんが、冷えている子宮を嫌がって、いつも暖かい心臓のほうへ逃げよう逃げようとして上を向いてしまうのです。

ちなみに、がんは、冷えが大好き。そして、体の中で一番温度が高い場所は、心臓と脾臓なのです。したがって、この２つの臓器にはがんという病気が存在しないのです。心筋梗塞や心疾患はあれども、心臓ガンというのは聞いたことがないでしょう。

今や成人女性の７割が冷え性で、20代は、８割近くが冷えを感じているというデータもあります。現代は、冷房の普及や薄着、アイスクリームや冷たい飲み物の普及により、日本人全体が昭和時代よりも低体温です。

本来、腋の下の温度で日本人は36・８度なければいけないと言われているので、スパイスをうまく使って体を温め、将来妊娠したい方は対策をしっかりしましょう。

6　ジンジャーの面白さ

ジンジャーは、冷え性対策以外にもとても面白い面をたくさん持っています。体を温める能力が非常に高く、そのほかにもいろいろな効能を期待できるジンジャーですが、免疫力を上げる力が非常に高く、免疫力向上ナンバーワンスパイスと言えます。

14世紀、ヨーロッパで黒死病（ペスト）と呼ばれる病気が流行っていた頃、その対策としてヘンリー8世が市民にジンジャーを食べろと御触れを出したという話があったくらいです

また、ビタミンにも富み、約５０００年前、スパイス貿易を行っていたインドの商船は、ビタミンC不足（壊血病）を防ぐために、船にジンジャーを苗ごと積んでいました。

壊血病とは、船乗りたちの間で大流行していた病で、野菜を積めない船旅でビタミンCが欠乏し、その結果体内の毛細血管が弱くなり、歯茎や皮下から出血を起こし最悪死に至るという病です。別名ビタミンC欠乏症ともいいます。

そして、ジンジャーには、ジンゲロールとショウガオールという成分があります。ジンゲロールは、ジンジャーのいわゆる辛み成分です。このジンゲロールは、加熱するとショウガオールに変わります。どちらの成分にも体を温める効果があることには変わりませんが、ジンゲロールは白血球を増やし、ショウガオールにはアドレナリンを分泌してくれて体の抗酸化作用を高める効果があります。

白血球を増やしたいならばジンゲロール、抗酸化作用に期待（アンチエイジング）する方はショウガオールなど、目的別でジンジャーを生で食べるか、加熱して食べるかを決めてもいいでしょう。

また、ジンジャーは、他のスパイスと違って、冷えれば冷えるほど味を鋭敏に感じ取ることができます。暖かい煮物ではジンジャーは感じられないけど、冷えた生姜焼きやジンジャーマンクッキーなど熱のないもののほうがジンジャーのピリッとした風味は感じられるのです。

第3章

スパイス料理に
これからチャレンジしたい方へ

1　スパイスで失敗する原因

スパイスというのはなじみがなく、スパイス料理やお菓子で使うのは難しいと思っている方は多いと思います。しかし、スパイスで失敗する原因は、2つしかありません。

1つは、「混ぜすぎ」です。スパイスは、混ぜれば混ぜるほど美味しくなるというものではありません。スパイスをブレンドする目的としては、個性の強いスパイスをブレンドすることによって、お互いの味を中和することなのですが、だからといって20種類以上ブレンドしてしまうと、今度は互いの味が薄まりすぎて味がぼやけてしまいます。せっかくブレンドしたのに台なしになってしまいます。スパイスのブレンドとしては、4～15種類が妥当と考えてよいでしょう。

2つめは、オーバースパイスと呼ばれる現象、つまりはスパイスの入れすぎです。スパイスは、瓶から直接降り入れるのではなく、1回スプーンにとるか、器に移すなりして量を加減しましょう。

特に、クローブやスターアニスなど香りや癖の強いスパイスは、ほんの0・1g違うだけで、下手したら食べられなくなるくらい味が変わってしまいます。したがって、少な目に入れていくことからスタートしてください。

ここまでくれば勘づく方もいらっしゃると思いますが、スパイスの使い方は、塩胡椒と一緒です。塩胡椒を入れすぎたら辛くなりすぎて料理が台なしになっちゃいますよね。スパイスという聞きなれない言葉だからといって、難しく考えすぎはもったいないですよ。

2　パウダーとホールの違い

スパイスには、パウダーとホール、あとコースという形状のものが存在します。

パウダーは、粉状のもの、ホールは、そのまま原型の残っているものです。コースというのは、顆粒状になったもので、パウダーとホールの中間と考えていいでしょう。

ただし、コースとして売られているものは限られています。生姜やガーリック、陳皮などです。あまりスーパーマーケットの店頭では見かけません。スパイス専門店で売られていることはあります。

実は、パウダーとして売られているものと、ホールを砕いてパウダーにしたものは、香りが3倍違います。大体、料理本に「クローブ　少々」など書いてある場合は、特別に表記のない限り「市販のパウダー状のもの」を指しています。

私は、以前、ブラックペッパーの効いたクラッカーを焼こうとして、材料に「胡椒　小さじ1」と書いてあったので、新品の黒コショウを砕いて小さじ1入れたことがありました。つまり、香りは3倍量、なんと大さじ1分の素敵な辛さと香りをクラッカーの中に閉じ込める結果となりました。あの日ほど舌が痺れた日はなかった気がします。

新鮮な香りを楽しみたい気持ちはわかりますが、くれぐれも「その場で砕いたフレッシュなもの」は、香りと風味が格段に違うということを覚えておいてください。

おすすめの体験方法として、シナモンスティックをパキッと目の前で折ってみてください。その瞬間、折れ目を嗅いでみてください。スパイスの幸せを感じ取れる瞬間になるでしょう。

3　スパイスからつくる遠井流オリジナルカレー

スパイス料理にこれからチャレンジしていきたい方向けの内容になります。

やはり、スパイスといったらカレーが思い浮かぶと思いますし、国民食とまで言われるカレーならば嫌いな人はあまり聞きませんし（実際にはいらっしゃいますが）、家庭でもカレーならばよくつくりますよね。私流になりますが、カレースパイスの配合、そしてそれを使った私流のスパイスカレーの特徴をご紹介します。

私のつくるカレーの特徴は、次のとおりです。

①「辛いカレーが食べられない」という方やお子様やご高齢の方、また刺激物をあまりおすすめできない妊娠中の方でも食べられるように、辛味（チリ）は抜いてブレンドしてあります。ですので、もし辛いカレーがお好きならば、このスパイスの配合にチリパウダーやチリオイルをご自分で足し　てください。

② 最近、小麦粉やバターなどの乳製品に対して抵抗感のある方も増えているので、小麦粉とバターを使いません。油分はサラダ油のみです。小麦粉を使わないレシピですが、小麦粉を足せばよりとろみのあるカレーになりますし、バターや生クリームを使えばよりコクのあるカレーに仕上がります。スパイスの配合以外にも、ぜひいろいろ試してみてください。

オリジナルカレー粉ブレンド

※材料（約２人分）
・クミンパウダー…大さじ1
・ターメリックパウダー…大さじ2分の1
・コリアンダーパウダー…大さじ2分の1
・クローブパウダー…小さじ8分の1
・ガーリックパウダー…適量（お好みで）
・ジンジャーパウダー…お好みで（限度小さじ2分の1）

単純に、これらをすべて混ぜ合わせれば完成です。クローブ、ガーリック、ジンジャーは、人により好みがあるのでそのときの体調や好みによって分量を調整してください。

余談ですが、クミン、ターメリック以外で、「絶対に外してはいけないスパイス」は何だと思いますか。正解は、コリアンダーパウダーです。

コリアンダーパウダーは、柑橘系、または百合の香りとも称されるくらい甘くて優しい香り。クミンやターメリックや、基本カレーに使うスパイスは、どれもこれも個性が強いスパイスなので、コリアンダーのような優しい香りがないとうまくまとまらない味になってしまうのです。コリアンダーは、目立たないけれども、なくてはならないカレースパイスの潤滑剤なのです。

基本的にカレーをつくるならば、外せないのはクミン、コリアンダー、ターメリック、チリの4種類です。その他のスパイスは、ご自身のお好みやその日の体調、具材によってアレンジしてくださって構いません。1人ひとりブレンドの仕方も違えば味も全部違います。自分だけのオリジナルカレーを目指して、ぜひつくってみてください。

カレーによく使われるスパイスの紹介

カレーづくりによく使われるスパイスをご紹介いたします。第2節で書いたスパイスのご紹介のときに詳しく書いているスパイスもあり、少々重複している箇所がありますがご承知ください。

こちらは、カレースパイスとして使われやすいものを抜粋して書いてあります。

① クミンシード、クミンパウダー

カレーの「味」といえばこのスパイス。せり科の茶色い色をした植物です。

クミンパウダーは、シードを粉末に砕いたもの。双方とも日本で手軽に手に入ります。カレーの他にも炒め料理やシチューなど、いろいろな料理に合わせやすく、スパイスティーに入れて飲んでもとても美味しいです。

　少し入れすぎてもそんなに気にしないでください。入れすぎてもそのあとの工程でリカバリーのできるスパイスです。
②　ターメリック
　カレーの「色」といえばこのスパイス。通常は、パウダー状で売っています。黄色い色は、衣類に着くとなかなか落ちないので注意。衣類についたターメリックは、擦ると更に落ちにくくなってしまうので、漂白したり、洗った後に天日干しすると落ちやすくなります。やや土臭い香りがするスパイスなので入れすぎは禁物。
③　コリアンダー
　パクチーというハーブの種。パウダーでも種（コリアンダーシードでも売られている）でも、パクチーのような独特な香りはなく、柑橘系や百合の香りを思わせる素敵な香り。お菓子に入れてもよく合います。

　アラビアンナイトの「千夜一夜物語」の中に、その甘い香りから媚薬の1種として登場しています。
④　ジンジャーパウダー
　日本料理ではおなじみショウガの粉末。日本では、生のショウガもスーパーでどこでも手に入ります。

　生のジンジャーは、季節ごとによって味わい方も様々。新ショウガは、そのまま酢漬けにして食べられますし、新ショウガでなくても、すりおろして冷やっこに乗せてもよし、オーブンで低温ローストして、ドライフルーツのようにドライジンジャーにすれば日持ちもします。

そのピリッとした燃えるような辛さから連想してなのか、英語では赤毛のことを「ジンジャー」と呼ぶことがあるそうです。

⑤　チリパウダー

赤唐辛子を粉末にしたもの。ビタミンCが豊富です。市販されている「チリパウダー」を購入する場合、成分をよく見てください。「チリパウダー」と書いてあるのに、高確率でチリパウダー以外のクローブなどのスパイスがブレンドしてある状態で売られています
チリパウダーしか入っていないのを探して選んで買うか、もしくは「一味唐辛子」を買ってしまったほうが楽だと思います。

⑥　パプリカ

パプリカは、別名スイートペッパーといいます。唐辛子の仲間です。パプリカを足すことによってカレーにコクが出ます。

カレーの話ではありませんが、パプリカ自体着色の役割もあるので、マヨネーズやタルタルソースに混ぜて色の違うソースをつくることもできます。

しかし、粉末のパプリカは、おおよそが「スモークしてある（燻製）パプリカ」なので、綺麗な赤は出ません。茶色くなります。

⑦　フェネグリーク

茶色い粒のようなスパイス。必ずフライパンで乾煎りしてから使います。フライパンで乾煎りしてから使うと、香ばしいカラメルのような味がします。苦みがとても強いので使いすぎは厳禁です。しかし、乾煎りしない状態で食べてしまうの、避けてください。「ギリシアの糞」とあだ名がついてしまうくらいの味がします。

昔から男性不妊に効果的と言われてきたスパイスではありますが、女性は注意しなければならない点が1つ。サポニンという成分を種子が含んでいるため、妊娠中の女性は避けたほうがよいでしょう。サポニンは、経口避妊薬として使われるので、子宮を刺激して流産を引き起こす危険があります。

⑧　カレーリーフ

カレーの風味を強くするために使われるスパイスです。見た目は、月桂樹の葉に似ており、アジアの広範囲で栽培されているため、生の葉も、乾燥した葉も手に入れることができます。もちろん、生のほうが乾燥したものよりも香りは強いです。

西欧には「カレープラント」という同じような葉が売られていますが、これは全く別物で、こちらはアフリカでお茶として飲まれていてホッテントット・ティーと呼ばれています。

⑨　シナモン（カシアシナモン）

カシアシナモンは、カレーに甘みを出したり、味に深みが出ます。カシアシナモンは、別名トウニッケイとも呼ばれることがあります。カシアシナモンは、中国で生産されていることも多いのですが、産地別で味や香りに特徴があります。
・ベトナム産シナモン…つんとする香りがします。爽快な辛味もあります。
・セイロン産（スリランカ産）シナモン…上品な香り。柔らかい風味で比較的さわやかな香り。
・ジャワ産シナモン…香りも風味もよいが、でんぷん質を大量に含んでいるので、ソースやシチューなど水分をたくさん使う場合は、つくった料理やお菓子に粘り気が出てしまう恐れがあります。
こだわるならば、シナモンは、何をつくるかによって産地を選んだほうがよいかも知れません。ただし、私たちが普段スーパーマーケットで手に入れられることのできるシナモンは、カシアシナモンかセイロンシナモンのどちらかだと思うので、あまりそこまで気にしすぎる必要はないと思います。

なお、セイロンシナモンとカシアシナモンの見分け方で、香り以外に面白い見分け方があります。それは「巻き方」です。シナモンは、もともと木の皮なのですが、セイロンシナモンはスティックの断面がハート形のようになっていて、カシアシナモンはぐるぐるした渦巻き状になっています。とてもわかりやすい一目瞭然の違いなので、もし最初、双方の違いがわかりにくかったら、ぜひ参考にしてください。

他にも、クローブ、スターアニス、グリーンカルダモンやブラックカルダモン、フェンネル、ブラックペッパーなどカレーに使えるスパイスはたくさんあります。自身の好みの甘さや風味に合わせていろいろ試してください。

また、つくってすぐ食べる、一晩寝かせてから食べることによる味の違いもありますし（カレーは一晩寝かせると具材の味が落ち着いて美味しいですが、一晩寝かせるとやはりスパイスの風味は落ち着いてしまいますし、スパイスによってはえぐみや苦みが出てしまう可能性があります。スパイシーな刺激的な味を楽しみたい方はつくってすぐに食べるほうがおすすめです）、スープカレーとして食べるのか、ライスと一緒に食べるのか、お肉と食べるのか魚と食べるのか。全部が全部、使うスパイスは異なってきます。ぜひ自分オリジナルのカレーをつくって楽しんでくださいね。

4　スパイスを使う上で重要なこと

スパイスを使う上で重要なことは、トライアンドエラー、そして、とにかく楽しむことです。

スパイスも料理と同じ、無限の可能性を秘めています。同じスパイスの量、同じ食材や道具を用意しても、同じ味にはまず仕上がりません。でも、それで正解です。スパイスの使い方もスパイスを使ったその味も、つくった方の個性なのです。いろいろなスパイスをいろいろな食材に使ってみてください。

また、いろいろな場所でスパイス料理を食べてください。シナモンロール１つにしても、近所のパン屋さんのシナモンロールから某有名ホテルのシナモンロール、大手チェーン店のシナモンロールなど、場所も違えばつくり手も違い、味ももちろん違います。

どういう味を自分は好きなのか、どういう調理法をすればこんな味になるのか、楽しみながら食べ歩くことが、いつの間にかスパイスの勉強になっていることでしょう。

そして、個人的に一番伝えたいのは、「スパイスと組み合わせられる食材の数は未知数である」こと。日本は、確かに、スパイスのイメージはまだ定着していないと思います。ましてやスパイスをどう使うのかよくわからない方も多いと思います。しかし、世界では実に様々なものに使われています。

例えば、よく相性のよさから、「チーズとワインのマリアージュ」とか言います。ワインとマリアージュできるのは、単なるチーズだけではありません。キャラウェイの入ったキャラウェイチーズはいかが。チーズに飽きたら、4種類の胡椒が入ったおつまみクラッカーなんかどうですか。そして、チーズとマリアージュできるのは単に赤ワインや白ワインだけですか。スパイスを煮だしたまろやかな美味しい赤ワインなどはいかが。白ワイン、サフランを溶かしてみたらどうですか。綺麗な黄金ワインの出来上がりです。チーズとお酒の連想ゲームだけで、これだけのスパイスが使われていて、使えることがわかります。

そして、スパイスは、チョコレートともとっても相性がよいです。アイスクリームに入れても美味しい。味噌汁にだって、そしてアクセサリーにだってすることもできるんです。洋食にだけ？　とんでもない。和食から中華からはたまた装飾品にまで、スパイスの可能性、使い方に限界はありません。

スパイスには、「～にしか使ってはいけない」というルールは太古の昔からありません。パンからスープからキャンディからケーキまで。ぜひいろいろな料理に、お菓子に、飲み物にチャレンジして自分だけのスパイスの使い方を編み出してください。

5　スパイスで料理をつくる際に押えておきたいコツ

いざ、これからスパイスを使った料理をつくるぞ！　という方へ。確かに、スパイスを使ったスイーツよりは想像の幅が広まりやすいかもしれません。

スパイスを使う上で気をつけてほしいのは(特に、「臭い消し目的」で使うスパイスの場合ですが)、「あまり執拗に煮込みすぎない」ことです。味の強いスパイスを煮すぎると苦み、えぐみが出ます。また、スパイス自体の素敵な香りも飛んでしまいます。基本的に、料理の最後までスパイスを鍋やフライパンの中に入れておかないほうがいいです。

また、最後までお鍋の中に入れておくと、うっかり「取り忘れ」をします。料理と一緒に固いスパイスまで無意識のうちにお皿の中に入れてサーブしてしまうのです。料理を召しあがるお客様にとっては、「スパイスがお皿の中に丸ごと入っている」などとは普通は思わないと思います。

スパイスは、表面の固いものが多いので、知らずに食べると、口の中を怪我してしまう危険性もあります。誰だって、自分の料理で怪我なんかしてほしくないですよね。

例えば、もし、肉の臭みを取る目的でクローブや八角との煮込みすぎが不安だったりしたら、事前にお肉の表面に軽く炒った「花椒」とお塩を混ぜた「花椒塩」をまぶしておいて、予めお肉の臭みを取る＆スパイスの風味をつける作業をしておき、スパイスと煮込む時間を短縮する、もしくは省くとよいでしょう。ハーブ塩ならぬこのような「スパイス塩」も、うまく活用していくとお料理の幅も広がるのでおすすめです。

そして、これは少々根本的な点に立ち返ってしまうのですが、一番重要なことだと思っています。食べてもらう方が「スパイスが好きな方、もしくは食べられる方」かを確認してください。やはり、食材である以上好き嫌いがあるので、スパイスの香りが一切ダメという方も中にはいらっしゃいます。中には、スパイスに対してアレルギーを持たれている方もいらっしゃいます。

以前お会いした女性は、「ブラックペッパーアレルギー」を持たれていました。フレッシュなブラックペッパーが特にダメで、少しでも口に入れると蕁麻疹ができてしまうそうです。

今や日本にも存在が知れ渡り「普通」な存在となってきたスパイスですが、嫌いな方、食べられない方がいらっしゃることも、頭の片隅に置いておいてください。「これちょっとシナモン入ってるんだけど大丈夫かな？　シナモン、食べられる？」と一言断り、確認を事前に入れておきましょう。つくる側から、食べてもらう側へのちょっとしたご配慮をお願いいたします。

ちなみに、今まで一番好き嫌いが分かれるなと思ったスパイスは、クローブとシナモンです。大好きでいくらでも食べられる！　という方と、一切食べられない！　という方がはっきり分かれます。

逆に、嫌いな人を見たことがないスパイスはカルダモンで、あとの主要どころのスパイスは「食べられるけど、特別好きってわけでもない」という感じの回答をいただくことがほとんどでした。

6　スパイスでお菓子をつくる際に押えておきたいコツ

いざ、これからスパイスを使ったお菓子をつくってみるぞ！　という方へ。いくつかスパイスを使ったスイーツをつくる際に押えていただけると嬉しいなあと思うことを記せさせていただきます。

スパイスを使ったお菓子で特に注意してほしいのは、焼き菓子です。パウンドケーキやマドレーヌなどは、お菓子づくりがあまり得意でない方も割と取り組みやすいのではないかと思います。

私も、焼き菓子にはよくスパイスは使いますが、1つだけ焼き菓子にスパイスを使うことで嫌いな点があります。それは、焼くとスパイスの香りがとても飛びやすくなることです。

もともとスパイスは、砕きたてが一番香り、そこから時間とともに段々と香りが飛んでいくものなのですが…。さらに、オーブンで焼いてしまうと（オーブンによってはオーブンの中で風が強く舞う仕様のものもありますよね）、香りの飛ぶスピードも加速してしまいます。

私は、自身でスパイス入りのパウンドケーキの販売も行っているのですが、「いつまで食べられるか」という期限を決めるのにいつも考えてしまいます。なぜならば、パウンドケーキ自体は、しっかり火を通してある上に、乾燥材もつけているので、２週間は持ちますと断言できるのですが、「スパイス自体の美味しく香る期限」というと、スパイスにもよりますが、私の場合はせいぜい３日なのです。1週間経つと、本当に、ほんのりとしたスパイスの香りしかしなくなってしまいますパウンドケーキ自体は2週間もつけれど、スパイスの香りは3日くらいが限度。しかし、これは、「スパイスパウンドケーキ」で売り出したい…いつもこのジレンマと戦っております。

カルダモンやコリアンダーなど柑橘系のさわやかな香りのするものは、特に香りが飛びやすいと思います。シナモンやジンジャーは、「香り」が消えても「味」が本来しっかりするスパイスなので、比較的寿命の長いスパイスといっていいでしょう。

また、「スパイスは洋菓子にしか使えない」と考えている方はいらっしゃいませんか？それはとても勿体ないです。にっき飴や京都名物「おたべ」など、日本の和菓子でスパイスを使ったお菓子は既に存在しているではありませんか。

特に、「餡子とシナモン」と「クローブと抹茶」のコンビは、とても相性がいいです。餡子と抹茶は、和菓子には欠かせない食材ですよね。抹茶と餡子のお菓子にクローブとシナモンと抹茶、ぜひともお試しください。

加えて、スパイスと果実を使ったジャムもとても美味しく簡単につくれるので、スイーツとはいえなくてもおすすめなのですが、よくやってしまうのが、「ジャムの中にスパイスを入れっぱなしで保存してしまうこと」。これをしてしまうと、ジャムがとても苦くなったり、味が濃くなりすぎてしまうケースが多いです。しっかりジャムにスパイスの味と香りが移ったら、スパイスは取り除いてから保存しましょう。

第４章　スパイスあるある誤解

1　スパイスはすべてインド産である？

スパイスと言えばインド！　というイメージが強いかと思いますが、すべてのスパイスがインド原産ということはありませんし、インドで採れないスパイスもたくさんあります。

唐辛子（チリ）は、メキシコで発見され、インドに渡り、そこでカレーに組み込まれました。

また、カナダは、現在マスタードの生産量世界一となっています。

ナツメグとメースは、モルッカ諸島原産と言われていますが、現在ではスペインのグレナダで大規模栽培されています。

クローブの原産は、マダガスカルとサンジバルです。

「美食家（グルメ）のスパイス」と呼ばれるタラゴンは、なんとロシア南部で採ることができます。インド外で採れるスパイスのほうが多いかもしれません。今や、スパイスは、世界各国で栽培されていますし、ローズマリーなど苗を買えば自宅で栽培することができるものもあります。

しかし、数種の「スパイス」を栽培することは不可能ではないですが、「大半のもの」は少々困難です。なぜかというと、スパイスはほとんどが「樹木」から採られるものであるので、植えてから実が採れるまで多大な時間がかかるものが多いからです。

例えば、クローブの木は、完全に成長するまで20年かかり、成長後は50年にも渡って実をつけ続けます。育つ地方も熱帯です。

「世界各国」のスパイスは手に入れられても、「自家製」スパイスを手に入れることは現時点では難易度がとても高いと思ってよいでしょう。

2 スパイスはすべてスパイシーであり、辛い？

毎回される質問、そして一番消し去りたいスパイスについての誤解である質問がこちらです。「スパイスって辛いんでしょ？」。

おそらく、スパイシー＝辛いという言葉のイメージがついてしまっているからだと思いますが、そもそも英語で辛いという意味を指す言葉は、「SPICY」ではなく「HOT」です。

実は「辛い」スパイスというのは、チリ、胡椒、（山葵、山椒、和からし、花椒）のたった6種類程度なのです。カッコでくくった4種類は、諸説ありです。山葵や山椒、和からしは、日本のスパイスなので通称「和スパイス」と呼ばれます。

こう答えても、「えー、うっそ!!　辛くないの？」という方には、「シナモンって辛いですか」と質問すると納得してくださいます。

スパイスの役割は、大きく分けて「色づけ」「香りづけ・消臭」「風味づけ」の3種類あります。

色づけというのは、ターメリックやパプリカなど。これらは、味が美味しい云々というよりも、「カ

【図表3　スパイスの３つの役割】

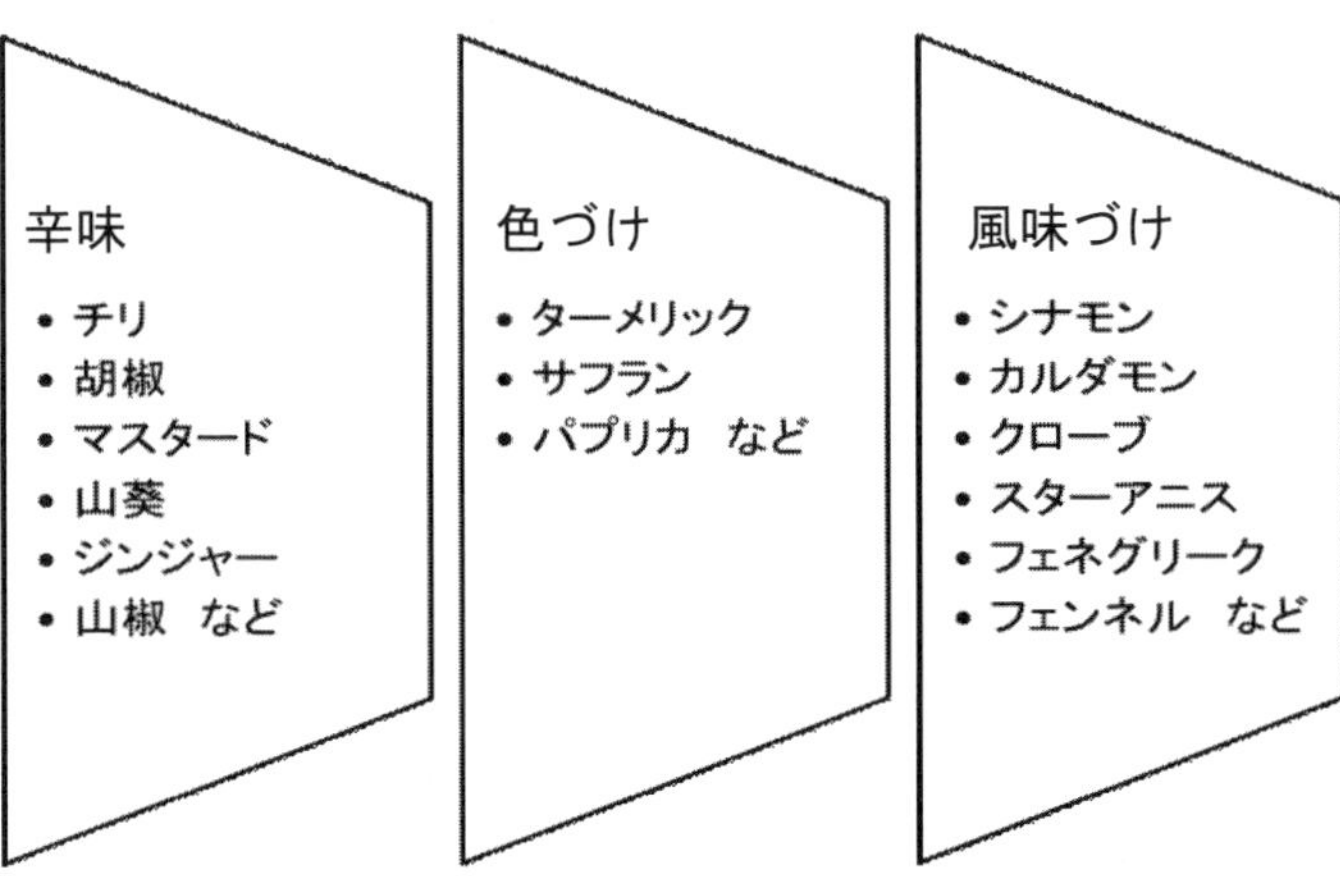

レーの黄色」のようにイメージ的に色に特化しているスパイスたちです。

香りづけ・消臭は、ガーリックや黒コショウなど。お肉のくさみ消しによく揉みこみませんか。クローブや八角などもこの類です。

風味づけは、要は味つけです。シナモンやオレガノや、ほとんどのスパイスがこちらに分類されます。

「スパイスはすべて辛い！」というイメージは、正直に言うと行き過ぎです。「スパイスは、辛いものもあるよ」ということを本書で発見してくださったら幸いです。

辛味、色つけ、風味づけのスパイス3パターンをざっくりと分類したのが図表3です。

風味づけも、「甘い風味づけ」と「料理向けの風味づけ」とに分ける人がいます。

また、このほかに「香りづけ」のカテゴリーや「殺菌・殺虫」のカテゴリーを設定する方もいらっしゃいます。

いろいろな本を参考に見比べてみても楽しいと思います。

3　スパイスは刺激物だからお年寄りやお子様に使ってはいけない？

このご意見については、結論から言いますと、半分正解の半分不正解となります。使い方に気をつけてくだされば問題はないです。

どういうことかというと、前述した「辛い」、刺激物だけは避けましょう。チリや山葵などです。か弱い赤ちゃんやお年寄りに刺激物の使いすぎは酷ですし、お年寄りの場合、変にむせたりして誤嚥性肺炎などを起こす危険な場合もあります。

また、人の味覚は、小さい頃に形成されるので、あまり小さい頃から刺激的なものに慣れさせていると、舌の感度が弱ってしまい、味の濃いものにしか反応ができなくなります。日本は、繊細な御出汁の文化なので、せっかく日本人生まれたのですから、大味しかわからなくなるなんて損ですよね。

さらに、面白い話ですが、スーパーで最近カレーなど「甘口」の商品が増えている気がしませんか。昔ほどお新香や干物など塩辛いものを食べる機会も子供には減ってきたのではないかと思います。そういった誰にでも食べられる甘口商品の普及によって、辛いものが苦手な子供が増えていると懸念しているデータもあります。

確かに、「辛い食べ物は食べられない」人はいても、「辛くない食べ物が食べられない」って人はいませんものね。これからもっと辛いものが苦手な人が増えるのか…。タバスコが大好きで、タバスコをピザにこれでもかとかける私が白い目で見られる日も近いかもしれません。

4　スパイスは体によいからいくら使ってもよい？

皆さんは、シナモンが新陳代謝によくて、ダイエットに効果があると聞いたことはありませんか。

私は、別に、スパイスが世界を救うとも、スパイスの熱狂的なファンというわけでもないので、スパイスの長所も短所も本書では遠慮なく書いていきます。光あれば影もある。物事のいいところだけお伝えするということは、私は違うと思っているからです。

確かに、シナモンは、体を温める効能はありますし、代謝促進によりダイエットに効果はないとは言い切れませんが、何事も取りすぎは毒です。いくらスパイスが自然のものとはいっても、人には1日の許容量というものがあります。

シナモンは、とりすぎると「クマリン」という成分を大量摂取してしまい、それにより肝硬変を引き起こしてしまうという危険性があります。

では、許容量はどれくらいなのかと心配される方もいらっしゃると思いますが、普段の生活をしていれば、「とりすぎる」ということはまずありません。シナモンが代謝にいいから痩せるぞ！といって毎日３食シナモンをかけ続けたりしなければ大丈夫です。

クミンに含まれるクルクミンという成分やナツメグに含まれるミリスチシンという成分にも、とりすぎることによる副作用はあります。何事もほどほどに。過信は禁物です。

5　スパイスってヘルシーだから太らない？

このご質問は、スパイスに関心のある方からも、そうでない方からもよくいただきます。「スパイス＝健康的＝美容、健康によい＝カロリーオフ、０キロカロリー」と考えていらっしゃる方が多いようです。

しかし、スパイスは、お醤油やお味噌と同じで、カロリーはグラム単位で存在します。カロリーがないわけではありません。ですから、もちろん使いすぎれば太ります。とはいえ、お砂糖やお味噌と違って、スパイスを大量にお玉一杯など使うお料理やお菓子はまずまずないので、「スパイスのとりすぎで太った」ということは聞いたことはありません。

図表４は、いくつかのスパイスのグラム当たりのカロリーの一覧ですが、カロリーだけではなく、タンパク質や炭水化物、ビタミン類などすべてが含まれています。

また、ジンジャーの場合は、同じ分量でも「すりおろし」の状態のものと、「パウダー状」のも

【図表4　スパイス16種カロリー一覧表】

（小数第1位切上げ、順不同）

シナモン(粉)	3.6kcal/g
オールスパイス(粉)	3.7ckal/g
ブラックペッパー(粉)	3.6ckal/g
ホワイトペッパー(粉)	3.8ckal/g
山椒(粉)	3.8ckal/g
ジンジャー(粉)	3.6ckal/g
セージ(ホール)	3.8ckal/g
クローブ(粉)	4.1ckal/g
ナツメグ(粉)	5.6ckal/g
バジル(ホール)	3.1kcal/g
ターメリック(粉)	3.5kcal/g
パプリカ(粉)	3.9kcal/g
チリ(粉)	4.2kcal/g
ガーリック(粉)	3.8kcal/g
タイム(ホール)	3.8kcal/g
オレガノ(ホール)	3.5kcal/g

のでカロリーが違います（ジンジャーの場合は水分が含まれているか否かによると推測されます）。

スパイスは、使う量が本当に微々たるものなので、あまりカロリーは気にする必要はないと思いますが…。

このように、スパイスにカロリーがあることは事実ですが、あまり数字に神経質にならないでください。「あ、そうかスパイスもカロリーあるんだね」くらいの軽い気持ちで、豆知識として頭の片隅に置いておいてください。食事は楽しく、美味しく食べるのが一番ですからね。

第5章　知られざるスパイス雑学

1　口の中の辛味を抑える方法

皆様の中には、「辛味」が苦手な方もたくさんいらっしゃると思います。そのため、辛味って結構後を引くし、「一刻も早くこの痛みと言おうか辛味よ引いてくれーっ」となる方も多いと思います。

実は、この「辛いものを食べてしまったあと」の対処法も、スパイス別に2種類に分かれているのをご存知でしょうか。

ピリッときたり、鼻につーんと来る系のスパイス（例えば、山椒、わさび、ショウガなど）、もし大量に食べてしまったら、熱いお茶や熱いお湯を飲めば辛味は早く引きます。もしかしたら、お寿司屋さんでは基本最初から熱いお茶が出てきますが、その効果を狙ってかもしれませんね。

そして、逆に燃えるようなホットな辛味（唐辛子や胡椒）は、冷たいお水や牛乳を飲むと辛味が早く引きます。今度もし辛い目にあったら試してみてください。

辛味は、いろんな味の中で1番強力に感じ取ります。人間の舌は、辛味、酸味、甘味、塩味の順番で敏感に感じ取ると言います。刺激が伝わりやすい敏感な味覚だからこそ、いろいろなお店で辛さのレベルが甘口、中辛、辛口など段階別で辛さが分かれているのかもしれません。ほかの味覚は、段階別に分かれているようなことはありませんから…。

ちなみに、この燃えるようなホットスパイスとピリッとスパイスは、使い方や辛さの伝わり方にも違いがあります。

・ホットスパイス（胡椒や唐辛子系）

舌の細胞に直接辛味が伝わるだけ。

料理時、煮ても焼いても辛さの度合いが変わらないので、最初から最後まで料理の中に入れておいても大丈夫なスパイス。

・ピリッとスパイス（山椒やわさびなど）

口に入ると植物の中の揮発性の成分が鼻や粘膜を刺激する。したがって、食べて辛いと感じるだけでなく、涙が出たり、鼻がつーんとしたりします。

料理時は、揮発性の香り成分が飛びやすいため、料理の最初から入れてはいけません。仕上げのときにさっと入れるか、それか生のまますりおろしたり、食品にかけて食べたりするほうが香りが失われないで済みます。

ちょっとした違いですが、料理のときにこの工夫があれば、少しいつものお料理がグレードアップするかもですね。

余談ですが、よくホットドッグにつけたりする粒マスタードの辛さを調節できることはご存知でしょうか。マスタードの辛味成分であるアリル芥子油やベンジル芥子油は、水の働きによって化成されます。したがって、マスタードは、お水で溶くと辛くなり、逆に水以外のお酢やフルーツジュースで溶くと辛味が抑えられると言われています。

一番辛味促成がしやすい温度は40度。粉から練りからしをつくる場合、ぬるま湯を使えば一番早く辛いマスタードを生成することができます。

チリを抜けば、スパイスから辛味のないカレーをつくることができます。一味唐辛子を抜けば、辛くない七味唐辛子もつくることができます。

辛味は、自分で自由に構成できる味覚です。辛いのが苦手ならば、上手に軽減したり避けたりと、うまくお付合いをしていけば辛いものが苦手な方も食べられる料理が増えていくと思います。

2　七味唐辛子の怪

日本では、食卓にちゃっかりとなじんでおり、皆さん毎日使っている七味唐辛子ですが、あれも陳皮やゴマなどの入ったれっきとした「ミックススパイス」なのです。これも、固定された「入れなければならない」指定材料はありませんが、よく使われるものは、陳皮、唐辛子、黒ゴマ、山椒、麻の実、青のり、生姜などです。

もし、自分でつくる際には、山椒を花椒にすれば中華風の七味唐辛子に、唐辛子を抜いてブレンドをすれば辛味のない七味唐辛子ができます。

また、陳皮やショウガは、漢方の世界でも使われているほどの効能を持つスパイスです。そもそも七味唐辛子を生み出した人物は、漢方薬のブレンドを真似したと言われています。

そして、面白いことに、関東、関西でブレンドの好みが異なる傾向にあります。また、長野県の特産品として七味唐辛子が有名です。このことから、日本の七味唐辛子は、関東、関西、長野と３つの異なる七味唐辛子が存在するといっていいでしょう。

ずばり、ブレンドが違っている原因は、その土地、その地域の「食文化」にあります。よく「お出汁」の味やお醤油の濃さが関東と関西では濃い薄い、お雑煮の具が違うなど、関東・関西の食文化の違いは聞くと思いますが、それがまさに七味唐辛子にも言えることなのです。

江戸時代、関東では汁の味の濃い蕎麦が主流で、関西ではお出汁の味を大事にするうどんが主流でした。そのため、それに使用する七味唐辛子が関東では濃い味でも味がわかるような強い味のものが、関西ではお出汁の味を損ねないような柔らかく繊細な味の七味唐辛子が民間に伝わってきたと言われています。

長野県はどうして？　と思われる方も多いと思います。はっきりとした答えはいまだ解明されていませんが、有力説はあります。

長野県の名産はお蕎麦です。食べられる機会がとても多いと思います。しかし、お蕎麦は、身体を冷やしてしまう食べ物なので、涼しい長野で食べるときには、七味唐辛子をかけて、その中のショウガや唐辛子で身体をあたためようとするのです。

そういったお蕎麦という「名産品」が理由として、長野県独自の七味唐辛子の目まぐるしい発展があったのではないかと言われています。

3　ナツメグとナツメグ・ハイという聞きなれない言葉

ナツメグというスパイスは、よくハンバーグのレシピに、お肉のくさみ消しとして名前が真っ先にあがるのではないでしょうか。

ナツメグ自体は、歴史が古く、古代エジプトの副葬品の中から発見されています。漢方でも、ニクズクという名前で使用されています。

ところで、家庭ではあまりなじみのない、ピンク色の薄い紙のようなスパイスのメースがナツメグの周りに張りついています。ナツメグとメース、この2種類、別物だと思われている方も多いでしょう。でも、実は、これらは同じ木からとれるスパイスなのです。

ナツメグの実は、直径約5㎝の卵型の大きい果実です。ナツメグもメースも、ほのかな甘い香りがして、ピリッとした辛味があり、味は似ているのですが、メースのほうが香りが上品なことと、採取できる量がナツメグよりも少ないことから、メースのほうが値段がやや高めに売られていることが多いです。

昔、とある国では、ナツメグよりもメースのほうが希少価値が高いということに目をつけ、国中に「今すぐ国中のナツメグの木を切り倒してメースを植えろ！」と命令が下されたというエピソードが残っています。この王様は、同じ木から両方とれることを知らなかったのですね。

スパイス争奪戦のひどかった11世紀のイギリスでは、ナツメグは羊3頭と等価交換だったという記録もあります。そのナツメグより希少価値の高いメースは、一体羊何頭分の価値だったのでしょう…。

4　ナツメグ・ハイ

「ハンバーグに入れるスパイスですよね。ナツメグって！」とよくお答えいただくナツメグ。そう、そのとおりです。お肉の臭み消しとしてよく知られているナツメグですが、もう1つ悪い意味で世間によく知られていた時期がありました。

ナツメグ・ハイという言葉をご存知ですか。ナツメグ・ハイという言葉をネットで検索すると、今でも体験記や感想などの記事が出てきます。これは、スパイスの悪用例と断言してもいいと思います。

どういうことかと言いますと、ナツメグは、少量なら全然構わないのですが、成人で生のナツメグを1度に10g以上摂取すると、主に精神錯乱作用などの中毒性を示します。かつては、堕胎薬として用いられたこともあります。

過去には、8歳の男の子が誤ってナツメグの実を食べて死亡してしまった事件のほかに、55歳の男性がナツメグ中毒により死亡しています（後者の死因は、ナツメグ単体ではなく、睡眠導入剤と併用しての死亡事故と言われています)。

ナツメグの大量摂取による精神錯乱効果は、覚せい剤の効果ととても似ていると言われます。ナツメグは、覚せい剤や大麻などのドラッグとは違って、一般でもスーパーマーケットで売っているものです。もちろん、法規制はありません。

外国では、香水やせっけん、お酒に使われているナツメグは、だれでも手に入る安価な合法ドラッグとして、悲しいことに流行ってしまった時期がありました。

5 知られざる胡椒のお話

胡椒には、大きく分けて4つの種類があります。ブラックペッパー、ホワイトペッパー、グリーンペッパー、ピンクペッパーです。この中で「仲間外れ」がいます。それはどれでしょう。正解は、ピンクペッパーです。

ピンクペッパーだけは、ウルシ科サンショウモドキ属のコショウボクの実を乾燥させたものです。コショウボクという名前ではありますが、胡椒とは一切関係がありません。胡椒の味は一切せず、あのピリッとした辛味もありません。

しかも、ブラックペッパーやホワイトペッパーのように固くなく、すぐにくしゃっと潰れてしまうのもピンクペッパーの特徴ですので、取扱い注意です。味の面で胡椒の味は期待ができないので、もっぱらそのきれいな色を生かしてサラダやスープの飾りつけに使われています。

他の３種類の胡椒は、色は違えど同じこしょうの実（ペパーコーン）なのです。同じ作物から、乾燥の仕方や収穫の時期の違いだけで、あれだけの色の違いが出てきます。

ブラックペッパー

緑色の未熟なこしょうの実を数日間発酵させてから日干しをしたものです。日干しをすることにより、皮の表がごつごつと固くなります。ほかのペッパーよりしわが多く、また黒い表皮に辛味が集中するため、他と比べると食べたときの刺激がとても大きいことも特徴です。

強い味を生かして、お肉料理や味の濃い料理によく使われます。また、某有名ホテルでは、バニラアイスの上にブラックペッパーの粉末をパラパラとかけていました。甘みの中にピリッとした味がアクセントとなってとても美味しかったです。

ホワイトペッパー

熟したこしょうの実を水に漬け、柔らくなったら皮を剝き、クリーム色になるまで実を乾燥させたものです。

味は、ブラックペッパーよりはマイルドな辛味。香りは、ブラックペッパーよりは弱いです。味がやや弱めなので、白身魚をはじめとした魚料理によく使われます。

グリーンペッパー

未熟な実をフリーズドライか塩漬け、もしくは酢漬けにしたもの。どちらかというと、辛味は抑え目で、さわやかな辛味です。

グリーンペッパーは、他のペッパーほど出回っておらず、料理に使われるというよりは、料理の飾りつけに利用されます。

ピンクペッパー

ウルシ科サンショウモドキ属コショウボクの実を乾燥させたものです。コショウボクという名前ではありますが、胡椒とは一切関係ない植物です。

胡椒の味は一切せず、あのピリッとした辛味もありません。しかも、ブラックペッパーやホワイトペッパーのように固くなく、すぐにくしゃっと潰れてしまうのもピンクペッパーの特徴。

一説では、こしょうの実を熟させて、それを塩漬けにしたものがピンクペッパーとなると書いてある文献も存在しますが（未熟な実を塩漬けにしたものはグリーンペッパー）、それについての真偽は定かではありません。

胡椒のあだ名は「天国の種子」

胡椒類は、今でこそスーパーマーケットで1袋100円くらいで購入できますが、昔は高級スパイスでした。

　胡椒は、もともと紀元前５００年にインドで栽培されていたという記録をもつスパイスです。まだ交通機関が発達する前の西洋では、広い国内をいかに肉や魚を腐らせないように運搬するか頭を悩ませていました。そんな中、胡椒の防腐・殺菌効果に目をつけたのです。

　胡椒ならば、それらの効果を期待できる上に、味つけも同時にできる。交通機関が発達してなくても、胡椒につけておくだけ（まぶしておくだけ）で、何も処理しないより長持ち具合が格段に違ったのです。

　そんな大人気な胡椒は、金と同等の価値とみなされ取引されていました。原産地がヨーロッパではないので、極めて手に入りにくかったためです。胡椒を他の国に渡したくないがために、アラビア商人がスパイスをヨーロッパに運んでくるときに必ず通る砂漠や山脈に「怪物が出る」とデマを流し、スパイスの原産地をぼかしました。

　そのため、価格は見る間に吊り上がり、金１オンスと胡椒１オンスが交換されるまでになりました。そんな時代に胡椒の獲得したあだ名は、使い勝手のよさからなのか、それだけ貴重なスパイスという意味でか、「天国の種子」。とても素敵な名前ですね。

　後述のマルコポーロやマゼランのお話とも関係がありますが、黒胡椒はどれだけの人を狂わせたかわからない、どれだけの人をヨーロッパから失わせたかわからない、史上最凶のスパイスであったと言っても過言ではないかもしれません。

14世紀のヨーロッパでは、人口の約3分の2を死滅させたと言われているペスト（黒死病）が流行りました。そして、感染症が流行るときというのは、空気が汚れているからそれに病原菌が乗って来るからだと信じられていたのです。そこで、汚い空気をきれいにするため、病原菌を香りで追い払おうと、街のあちらこちらで胡椒を炊いていたそうです。効果があったかどうかは定かではありませんが…。

また、18世紀には、家賃や土地代を現金ではなく胡椒で支払っていました。そのため「ペパーコーン・レント（名目家賃）」という言葉も生まれました。

余談ですが、日本では、室町時代の頃、胡椒（特にブラックペッパー）は虫下しの薬として扱われていました。したがって、その時代、胡椒は台所ではなく医務室にあったのです。昔は、日本でも胡椒は高級品であり、薬でした。

6　サフランライスとターメリックライス、どちらが好み？

サフランライスとターメリックライスについては、黄色くて、海外の料理についているごはん、白米とは違うなんかちょっと変わった味がする、そんなイメージではないでしょうか。

今までお話を聞いた中では、サフランライスとターメリックライスが一緒のものだと思っている方がチラホラ見受けられますが、全然違うのです！　同じなのは色だけです、本当に！　調理法から味からすべてが違います。

まず、香りの特徴ですが、サフランライスはやや薬臭い香りがし、ターメリックライスは独特の土臭いような香りを感じます。色に関しては、ターメリックライスのほうがやや暗く、黄色が濃いです。

そして、明らかな差があるのが「価格」と「調理法」になります。

値段の対比では、

・サフラン＝1g約950円

・ターメリック＝1g約10円～20円

とスーパーマーケットでは差があります。

サフランがもちろん異常に高いのですが、その理由として、サフランの希少価値があります。サフランは、1gを商品として出荷するためにサフランの花のめしべが約200～500本必要なので、手間がかかりすぎて、なかなか大量に販売ができないのです。そのせいか、現代ではスーパーマーケットで一番万引きにあいやすいスパイスだと言われています（万引きして何に使うのか、と思ってしまうのは私だけでしょうか）。

もう1つの「調理法」という面ですが、まず抑えてほしいポイントは、

・サフランは「水溶性」

・ターメリックは「脂溶性」

であるということです。

この2つのスパイスの違いは、マストで覚えておきたい内容です。炊飯器にお米を入れて、炊飯スイッチを入れる前が、運命の分かれ道。要注意です。

サフラン編

サフランは、使う量はスパイス瓶の中に入っている「1本か2本」で十分です。入れすぎると薬臭くてご飯が食べられなくなってしまいます。

まずは、そのサフランをごく少量の水に浸します。そうするとサフランの色素がにじみ出た黄金の水が出来上がります。その水をご飯の入った炊く前の炊飯器に入れ、そして炊くのです。

※サフランとサフラワーについて

サフランに姿かたちが似ていて、しばしば「サフランの劣悪品」といわれる、サフラワーというものがあります。サフラワーは、サフランとは種類が異なり、キク科の「紅花」のことを指します。漢方薬としても使われます。紅花自体、漢方薬のお店で売っていますし、サフラワー油（紅花油）としてなら民間のスーパーで手に入れることができます。

最近では、「手絞り」「オーガニック」等の高級品もちらほら。サフラワー自体は、サフランの代用品としても使えますが、色はサフランより鮮やかでなく、苦みはありますが、味はほぼありません。お茶として飲むこともあります。

ターメリック編

ターメリックは、粉末のまま米を浸水している炊飯器の中に入れてしまって大丈夫です。しかし、ターメリックの色を鮮やかに出すために、そこにサラダ油を一たらしすることがポイント。もっと風味豊かにいきたいのならバターを少量入れてもいいでしょう。そのまま炊飯器のスイッチオン。

脂溶性のターメリックは、油と共に入れることによってその輝きを増します。油を入れなくても失敗というわけではありませんが、どうしても炊き上がりの色味は劣ってしまいます。

サフランとターメリック、使い方や味の引き出し方に差があるということはご理解いただけたでしょうか。

「サフランは水に溶ける、ターメリックは油に溶ける」ということを頭に入れておけば大丈夫です。サフランライスはブイヤベースには定番ですし、ターメリックライスはインドカレーを食べるとき、ナンではなくご飯で食べたい方には絶対ほしいものですよね。ぜひ、お家でもつくってみてください。

サフランもターメリックも同じような黄色ですが、よく香りを嗅いだり、普段使われている料理を知っていたりすると、全くの別物なものなのだってわかりますよね。カレーのターメリックライス以外にも、実はターメリックは日本の代表的なお漬物の沢庵にも使われています。あの黄色は、ターメリックの色なのです。あんなに特徴的な黄色をしているのに、カレー以外の話になると気づかないものですね。ターメリック＝カレーの色というイメージの強さ、恐るべしです。

7　ここは押えてほしい！　スパイスを使うときのワンポイント

先ほどのターメリックとサフランの違いのように、スパイスで料理をするときに見落としがちで、スパイスの美味しさを味わいきれないことになってしまうもったいないケースがいくつかあります。本当に簡単なワンポイントです。ここをお読みになり、本書の最後の章にはレシピも載っていますので、そちらにもぜひ活用していただければと思います。

・シナモンスティック…飾りに使う場合ではなく、煮込む際は、必ず折るか、いくつかのパーツに粉砕してから煮込む。

・カルダモン（ホール）…カルダモンを逆さまにして、お尻に爪を立てると、皮がむけて中から黒い種が出てきます。種も皮も「両方に」風味と香りがあるので、両方とも軽く潰してから使いましょう。

・サフラン…よく「何グラム使いますか」と聞かれますが、サフランはとても色が強いので「何グラム」ではなく、「何本」単位で大丈夫です。まずは1、2本から使ってみてください。

・ヴァニラビーンズ…実は、中身の「種」を取ったあとの「さや」は再利用可能です。乾かした後に、グラニュー糖と一緒に密閉容器に入れておけば、美味しい「ヴァニラシュガー」の完成です。

第6章　スパイスの「食べる」以外の使い方

1　使い方、実はいろいろ

「外食が多くて、スパイスなんてそんな毎日食べらんないわ」「スパイスは好きだけど、家族がスパイスが嫌いで、なかなか量が減らないの」というようなお声をちょろちょろと聞きます。皆さんの共通のお悩みとしてあるのが、「スパイスがなかなか減らない」ということです。

1つアドバイスを差し上げます。スパイスの使い道は、料理だけじゃありませんよ。身近な雑貨にも、ちょっとした家事のテクニックにも、スパイスを使うことはできるのです。

例えば、雨の日のいやーな湿気、その湿気とりにもスパイスは活躍します。カビの生えそうなところにシナモンスティックを1本そのままポイっと置いておいてください。防カビ効果が期待できます。

何故シナモンに防カビ効果？　と思われるかもしれませんが、シナモンは、ミイラの中に防腐剤として使われていたスパイスなのです。シナモンの他にアニスやクミン、クローブも使われていました。

そして、ちょっとお話はずれますが、ツタンカーメンのお墓が発見された際、棺を開けたときにふわっと香ってきたのはラベンダーの香りなんだそうです。匂い消しのために使われたのか、もしくは単なる死者へのはなむけに入れられたものか、いずれにせよちょっと素敵なお話ですね。

2　嗜好品、医療品として使われているスパイス（クローブ）

国民の大好きな嗜好品

皆さんの中で、好き嫌いがきっぱりと別れ、味はかなり強力なほうで、そしてよく「瓶で買ったものの減りません」と相談を受けるスパイス、それはクローブです。

使い勝手がよいスパイスとはいえませんが、実はインドネシアではタバコとして使われています。クレテックといい、タバコの葉が2、クローブを1の割合で混ぜたものだそうです。

もともとこのタバコを考え出した方は、酷い胸痛を患っていて、その痛みを和らげるためにクローブエキスを胸に塗っていたそうです。そして、そのクローブの香りを直に肺に届かせることができないかと考え、クローブのタバコを考え出したそうです。

古代中国の家臣たちのエチケット

経験者はわかると思いますが、クローブは、粒を丸ごと噛むと口の中がびりびりと痺れて大変です。しかし、同時に、口の中にさわやかだけど強い香りを感じませんか。

クローブは、口臭消しにとても効果的と言われているスパイスです。古代中国では、皇帝に家来や役人たちはこのクローブを一粒噛んでから進言するのがマナーだったそうです。

また、あの独特の香りを嗅いで、「歯医者さんの匂い」と感じた方はいませんか。実は歯医者さんで使われる局所麻酔薬の中にも含まれているそうです。

それに関連してか、昔から「虫歯になったらクローブを虫歯になった個所に詰めて噛め」と言われています。しかし、これはあくまで一時しのぎなので、虫歯を発見したらすぐに歯医者へ行ってくださいね。

身近な食卓の調味料として

手づくりすることはあまりないと思いますが、食卓ではおなじみのウスターソースやトマトケチャップにもクローブは入っています。

余談ですが、西洋には20年長持ちするトマトケチャップのつくり方というものが実在します。そのレシピには、もちろんスパイスも登場していて、シナモン、ジンジャー、クローブなどが使われていました。

ちなみに、日本では、それ以外に何かに使われているのかという話ですが、実はクローブは防錆効果も高いので、日本刀の手入れに「丁子油」という名前でクローブオイル（エキス）が使われています。

奈良時代から存在の確認されているクローブは、貴族の王冠の飾りつけにも使われていたそうです。

3　スキンケア、頭皮ケアにもスパイスはうってつけ

スパイスは、食べ物の味つけ以外にも様々な使い方をされています。民間療法として、人々の間に伝わっているものもたくさんあります。そして、意外と多いのが、スパイスやハーブ類を使った「スキンケア」。確かに、どくだみ化粧水や、ローズマリー成分配合の石鹸など、日本でもそういった商品が多数見受けられますが、世界各国ではもっとバリエーション様々。昔から言い伝えられている美容用法がたくさんあります。

その中の一部をご紹介します。ただし、科学的根拠はあまりない民間療法なので、科学的にしっかり安全性が確立されているというわけではありません。もし、万が一、ご自分で試してみてお肌やお体に異常があった場合は、使用を中止してくださいね。どのお肌や体質にも向き不向きはありますので…。

ローズマリーのクレンジングローション（ヨーロッパ）

ヨーロッパでは、昔から貴婦人の間でこのクレンジングローションが流行っていたそうです。ローズマリーを白ワインに漬けてそれで洗顔していたそうです。

ローズマリーの精油は、皮膚の血行をよくし、ボロボロになった血管を丈夫にするフラボノイド

を含んでいます。

ショウガのヘアマッサージ（中国）

ジンジャーには、血行を促進する効果があります。それを利用して中国では、生姜汁とアルコールを混ぜて気になる頭の部分に綿棒で塗るという民間療法が存在します。

ターメリックのお肌のパック剤（インド）

インドでは、お嬢さんがお嫁に行く1か月前から、ターメリックパウダーとミルクを温めたときにできる膜を混ぜたパック剤をつくり、それでお母さんとおばあちゃんがお嬢さんの肌に想いを込めて全身を磨くそうです。

また、余談ですが、ターメリックには消化不良や胃潰瘍に対し強い効能を持っていることが科学的に証明されており、カレーを他の国よりも多く食べるインド人は、胃がんでの死亡率が格段に低いというデータもあります。

黒ゴマの育毛剤（日本）

すり鉢で擦った黒ゴマをアルコールでのばし、気になる頭皮の部分に塗ると育毛剤の役割を果たします。

主に、肌ケア、頭皮ケアのスパイスの使い方ですが、昔から口だけではなくスパイスを肌から取り入れるということを人類はしていたのですね。

4　江戸時代の目薬・バジル

イタリアンでおなじみのスパイス、バジル。バジルは、ホーリーバジル、スイートバジルなどたくさんの種類が存在しており、その数１５０種類以上といわれています。

海外では、料理に使うよりもお墓に生えるものである、死者が黄泉の国に旅立つときの必需品である、サソリが好む植物であるなど、料理以外のエピソードや迷信がたくさんあります。

そのバジルの別名は、「目箒き」です。シソ科メボウキ属です。その「めぼうき」の由来ですが、バジルの種であるバジルシードを水に漬けておくとプルプルのゼリー状になり、江戸時代はそれを目の中に入れ、目のごみをとっていたそうです。そこから「目箒き」という別名が名づけられました。

現代では、バジルシードを入れたドリンクやデザートが売られています。

江戸時代にもうバジルなんてあったの？　と思われた方もいるかもしれませんが、実は江戸時代の料理には、スパイスを使った料理がたくさん登場していました。

胡椒や山椒が使われていたことがわかっていますし、またシナモンとお味噌などの調味料と大根を和えたものが料理メニューとして存在していたという記録があります。

江戸時代といったら徳川幕府に侍に…と思いがちですが、目薬にスパイスを使うような進んだ時代だったのですね。

日本や海外での「食べる以外の」利用法はいかがでしたか。おそらくスパイスは、「料理にしか使えない」というイメージが現代では強いのでしょう。確かに、それしか使う手段がなければ、手に余ってしまうことは必至です。

しかし、調べてみると、このように日本でも海外でも、先人たちは、実に様々な方法でスパイスを日常生活の中で取り入れてきました。現代では、科学的な香料や柔軟剤などの「自然ではない」香りがメインになっていますが、スパイスというものがあれば、自分で自分の周りの「香り」をある程度コントロールできるようになると思います。

例えば、「変な臭いのついてしまった自分の鞄の臭いを取りたいけれど、臭いのきつい消臭剤がかかるのが嫌」というのであれば、自分の好きな香りのスパイスを詰めた「香り袋」を鞄の中に忍ばせてみては…。また、もし自分の口臭が気になっているのに、いろいろな化学成分の入っているガムや口臭を取るスプレーなどをできる限り利用したくないならば、ミントやカルダモンをちょっと噛んでみてはいかがでしょう?

そういう風にスパイスを「代用」した人は、実感するはずです。実は、スパイスは、少量でも結構「香りが保つ」ので、何回も鞄にスプレーを吹きかけたり、何個もガムを噛んだりする必要はないということを。もし、そういった現代特有の「人工的な香り」が苦手だったり、抵抗があるならば、日用品の中に、昔に倣い、スパイスの自然な香りを取り入れて味方にすることをおすすめします。

第7章

試してほしい、あるようでない簡単美味しいスパイスレシピ集

ここからは、カラー写真こそありませんが、身近で、スパイスの初心者の方にも、スパイスが苦手な方にも、スパイス玄人の方にも、「美味しい！」と言っていただけるレシピのご紹介になります。大のスパイス嫌いだった私は、嫌いな人の気持ちがよくわかります。以前の私は、シナモンの香りを嗅ぐことさえ苦痛でした。「シナモン、くっさ！」って言い放ち、シナモンを机に放置していた記憶があります。

したがって、スパイスが苦手な人でも、このくらいなら食べられるなー、これならあまりスパイスって感じの味にはならないな、というのがわかるので、変にどぎつい味にはなりません。

また、私自身、栄養系の大学を出てはいますが、シェフでもパティシエでもないので、お料理のレベルは主婦レベルです。だからこそ、「家庭の味」をスパイスでアレンジするのが得意です。

家庭でつくることのできる料理ならば、道具もご家庭に揃えやすいものばかり。食材もスーパーで買えるものばかり。そのため、皆簡単、皆美味しい、皆にうれしい、そんなレシピの数々です。

1　クミン編

とうもろこしのクミンポタージュ

甘くておいしい、優しい味わいのポタージュです。とうもろこしの缶詰を使うので、季節を問わずにつくることができます。
お子様からお年を召した方まで人気のあるメニューです。
アレンジしやすい、手順も少なく簡単なメニューなので、ぜひ試してみてください。

【材料】
・スイートコーン缶（もしくはスイートコーンのペースト缶）４００g
・牛乳　１リットル
・玉ねぎ　半分
・クミン　大さじ２
・キューブコンソメ　１つ
・塩胡椒　適宜
・フライドガーリック　少々
・サラダ油　少々

【つくり方】
①　熱したフライパンにサラダ油を入れる。
②　クミンを炒めて香りをつける。
③　粗みじんにした玉ねぎを炒める。飴色になるまで炒める。
④　牛乳、スイートコーン、キューブコンソメ、炒めた玉ねぎを入れてミキサーをかける。

⑤　塩胡椒、ガーリックで調味。
⑥　食べる直前に火を入れれば完成。

【ワンポイント】
これに紫芋パウダーやカボチャパウダーを入れれば、野菜ポタージュになります。牛乳ではなく豆乳にアレンジしても美味しいです。

特製クミンオイキムチ
加えるひと手間30秒！　とってもお手軽なおつまみになります。
日頃の晩酌のおつまみに、また持ち寄りやパーティーの際の1品におすすめです。
キムチもメーカーや種類によって味に差が出るので、いろいろ試してみると面白いと思います。

【材料】　4人分
・きゅうり　3本
・塩（岩塩だとなおよい）　適量
・クミンシード　1つまみ〜小さじ2
・キムチ　お好みの量

【下準備】
きゅうりの表面を塩でこすってイボをとっておく。

【つくり方】

①　塩で洗ったきゅうりの端を切り落とし、２㎝～３㎝の大きさに切る。
②　きゅうりの形に沿って真ん中に縦に線を入れる。線を深く入れすぎて真っ２つにしないように気をつける。
③　キムチにクミンシードと塩を混ぜ合わせる。
④　きゅうりに③のキムチを詰める（味が足りないなと思ったら、醤油を少し垂らしてみるのもよい）。

クミンハンバーグ

お子様からお父様まで大好きなハンバーグ。

そんなハンバーグを一味変えたアレンジレシピです。

普段の食卓に並ぶのはもちろん、お弁当に入れてもよし、たくさんつくって冷凍しておくのもよし。たくさんの出番に恵まれそうなレシピです。

【材料】　４人分

・豚ひき肉　８００g
・玉ねぎ　１個
・鶏卵（全卵）２個

・クミンシード
・パン粉　大さじ2と3分の2
・塩胡椒　適量
・ナツメグパウダー、もしくはジンジャーパウダー　少量
・パン粉　大さじ4
・サラダ油　適量

【下準備】

たまねぎは、粗みじん切りにしておく。

【つくり方】

①　温まったフライパンにサラダ油をしき、玉ねぎが茶色になるまで炒める。
②　ボウルに豚肉、塩胡椒を入れ、粘り気が出るまで混ぜる。
③　卵とパン粉を入れる。
④　③に玉ねぎをあわせる。
⑤　手の平サイズに整形し、真ん中は少しくぼみをつける。
⑥　温めたフライパンで強火で3分、そのあと蓋をして弱火で2分くらい蒸し焼きにする（両面ともやる）。
⑦　お皿に盛りつけて完成。クミンの味がするのでソースなど調味料がなくても美味しい。

2　カルダモン編

白ワインコンポート

りんごを切って、カルダモンと白ワインで煮込むだけの簡単スイーツ。

りんごがもし手元になければ、梨や葡萄、オレンジでも代用オーケー。フルーツ（特に柑橘系）とカルダモンは、とても相性がよいのです。

クタクタに煮込んでもよし、少し煮込み時間を少なくしてフルーツの歯ごたえを楽しむもよしな一品です。

【材料】　４人分
・りんご　１個
・白ワイン　８００ｍｌ
・カルダモン（ホール）16～20粒
・白砂糖　大さじ８（もしくは同等量のはちみつ）

【下準備】

りんごは、お好みの薄さにくし形カットする。

カルダモンは、剝くか、砕いておく。

【つくり方】

① お鍋に白ワインを入れる。

② りんご、カルダモンを入れて、弱火〜中火で煮る。7分前後が目安（固いのがお好みなら5分前後で様子を見てください）。

③ 竹串を指して、スッと通れば完成。

【ワンポイント】

カルダモンは、実のお尻の部分（尖っていないほう）に爪を立て、つまんで皮を剝きます。中から黒い粒がいくつも出てくると思います。

このカルダモンコンポートと後から登場するマサラチャイ（ミルクティー）のレシピでは、皮と黒い粒の「両方」を入れて使ってください。皮、種子の両方からカルダモンの美味しい風味が出ます。食べるときに皮が口に当たったら、食べなくても全然大丈夫ですが、皮も粒も両方食べられてまさに「1粒で2度美味しい」というのもカルダモンの楽しみ方です。

北欧風ホワイトシチュー

ムーミンの母国・フィンランドを含む北欧は、カルダモンをよく使います。

現地のカフェでは、シナモンロールならぬカルダモンロールも美味しいんだとか（まだ食べたことはありませんが、ぜひぜひ食べたい！）。
　そんなカルダモンは、パンにも使えますが、お肉料理の臭み消しにも使えます。今回は、そんなカルダモンパウダーを使ったレシピのご紹介です。

【材料】　4人分

・玉ねぎ　1個
・人参　1本
・鶏ひき肉　400g
・豆乳　1200ml
・鶏卵（全卵）　2個～4個
・市販のホワイトシチューの素　60g
・カルダモンパウダー　小さじ3と3分の1
・塩胡椒　適量
・バジル　少々（飾りつけ）

【下準備】

　玉ねぎは粗みじん切り、人参は火が通りやすいように薄い輪切りにしておく。

【つくり方】

①　ボウルに玉ねぎ、鶏ひき肉、カルダモン、塩胡椒、卵を入れよく混ぜる。この後ミートボール

状に成型するので、あまり柔らかくなりすぎないように、卵の量は適宜調整する。

②直径2㎝～3㎝のミートボールにする。

③鍋に豆乳を入れて火をつけ、温まったらにんじんとシチューの素を投入する。

④ミートボールも入れて、弱火～中火で煮る。ミートボールと人参に火が通ったら完成。

【ワンポイント】

あまり強火で煮てしまったり、ミートボールが柔らかすぎると鍋内で分解してしまうので注意してください。

3　シナモン編

シナモン白玉ぜんざい

お手軽につくれる和風スパイススイーツです。お好みで、シナモンの代わりに、オールスパイスや黒ゴマを入れてもいいかと思います。

オールスパイスは、シナモン、ナツメグ、クローブの3つの香りが合わさったような香りを持つスパイス。シナモンの香り単体よりも深みのある香りが楽しめるかもしれません。

黒ゴマと餡子のハーモニーは、日本人は誰でも好きなはずです。

白玉づくり、親子でやってみても楽しいですね。

【材料】　４人分

・ゆであずき　５２０g
・水（または牛乳）　大さじ４
・塩　少々
・生クリーム　適宜
・クコの実　８〜１２粒（お好みで）
（シナモン白玉約８個用）
・白玉粉　60g
・水　60ml
・シナモン　小さじ1〜小さじ１・５（好みにより調節）

【下準備】

クコの実はあらかじめ水につけてふやかしておく。

【つくり方】

（白玉づくり）
① 白玉粉にシナモンを加え、水を少量ずつ加えて耳たぶ程度の固さにまでこねる。
② 直径２㎝くらいに丸めて、沸騰したお湯に入れる。

③　1~2分ゆでたら冷水にさらす。
（ぜんざいづくり）
④　鍋にゆであずきと白玉を入れ、弱火でゆっくり温める。
⑤　水（または牛乳）で濃さを調整し、塩で味を調える。
⑥　器に盛りつけてホイップクリームを盛りつけ、クコの実を散らしたら完成。

【ワンポイント】

クコの実の代わりに、栗の甘露煮やくるみ、アーモンドを飾りつけてもいいでしょう。そのときの気温や湿度、水の温度によって白玉の固さに差が出るので、白玉をこねるときの水分は、様子を見ながら調整してください。

スイートパンプキン

ハロウィンの時期だけでなく、日常のお菓子としてもお手軽につくれて食べられる、素朴なお菓子。つくり方は、スイートポテトと似ています。

シナモンの量は、多少前後しても大丈夫です。ただし、少々注意してもらいたいのが「かぼちゃの種類」。かぼちゃの種類によって、使える水分量に差が出ます。固いカボチャならば加える水分は多めでも大丈夫ですが、栗カボチャなど甘くて粘度が高めなカボチャは要注意です。

水分量だけは、様子を見ながらお願いします。

【材料】（約10個分）
・かぼちゃ　３００g
・シナモン　小さじ1～1・5
・バター　20g
・砂糖　大さじ2
・牛乳　25 ml
・卵黄（つや出し用）卵黄1個個

【下準備】
オーブンは１８０度で予熱する。
つや出し用の卵はよく溶いておく。
バターと牛乳は室温に戻しておく。

【つくり方】
① かぼちゃの皮を剝き、ラップをして電子レンジで加熱。熱いうちに裏ごしする。
② 裏ごししたカボチャにシナモン、バター、砂糖、牛乳、卵黄を加えて混ぜる。
③ 適当な大きさ（小さなゴルフボールくらいを推奨）に丸める。
④ 溶き卵を刷毛でぬり、予熱しておいたオーブンで約10分焼く。

【ワンポイント】

塗った溶き卵が焦げやすいので、焼いている最中は目を離さないように！

4　クローブ編

スパイスローストビーフ

瓶で余ってしまうことがとても多いホールのクローブ、そのスパイスを1度に大量消費できるレシピです。

よくお肉の臭み消しのためにしっかり塩胡椒をしますが、私はあれで余分な塩分がついてしょっぱくなるのが嫌でした。それから思いついたレシピです。

クローブは、口臭をはじめ、お肉の臭いを消す効果が抜群にあるので、クローブを使うことにより、塩胡椒を使わずお肉の臭いをしっかり消すことができます。

クローブを大量に消費するので、何人かの方からは「クローブ臭くなるのではないか」と懸念の声もありましたが、そんなことはありません。このローストビーフは、クローブの香りゼロなので安心してお召し上がりください。シナモンの甘さが少しタレに移っているくらいです。それが嫌な方は、シナモンを省いてしまっても大丈夫です。

手が汚れることも比較的少なく、炊飯器を使うことによるお手軽レシピなので、ぜひお試しください。

今回は、牛のもも肉を使っていますが、牛肉ではなくても、同じ分量の豚もも肉でやると、角煮みたいになって、それもとっても美味しいです。

市販のローストビーフ用のお肉を使うのももちろん可能ですが、お値段が張るのと、仕上りが固くなるので、個人的には牛もも肉のほうが好みです。

【材料】　4〜5人分

・牛もも肉塊　600g
・クローブ（ホール）　20本
・シナモン（カシアがおすすめ）　1本
・はちみつ　大さじ4
・醤油　大さじ6
・サラダ油　適量
・お湯

【つくり方】

① 温めたフライパンにサラダ油をひき、お肉の周りを満遍なく1分くらい焼く。全体的に軽く焼き目をつける。

② ジップロックにはちみつと醤油、砕いたシナモンを入れる。

③　焼いたお肉全体にクローブを満遍なく差す。
④　70度のお湯を入れた炊飯器に入れ、保温機能で20～25分放置する（お湯はジップロックが被るくらいの量）。
⑤　完成。クローブとシナモンは必ず取り除いてから食べること。
＊20分の保温状態だと肉は血の滴るレア具合、25分だとややレアという具合になります。
＊中身がほんのり赤いくらいです。お好みで保温時間は調整してください。そのまま食べても、シンプルに塩でも、ジップロックに残った汁をかけても、和風ドレッシングや玉ねぎドレッシング、焼肉のタレなどいろいろな味つけで楽しめます

【ワンポイント】

70度のお湯の目安…フライパンでお湯を沸かす場合、フライパンの底にふつふつと満遍なく細かい泡ができてきたらそれが70度付近の合図です。そのままそのお湯を炊飯器に入れてしまってください。沸騰したお湯を使うとお肉が固くなってしまうのでNGです。

クローブパウンドケーキ

こちらは、ホールのクローブではなく、クローブパウダーを使ったレシピです。ちょっと大人なお味のスパイスケーキのレシピです。

赤ワインにも合いますし、紅茶と一緒にティータイムで飲むのもよいでしょう。

共立て法（卵白と卵黄を一緒に混ぜる方法）なので、あまり食感はふんわりとはしませんが、それ以外は普通のパウンドケーキをつくる工程と特に変わりはないです。お気軽につくってみてください。

ただし、クローブの量だけは、くれぐれも入れすぎは厳禁です。味見しながらつくってください。

【材料】　18㎝型1本分

・薄力粉　１００g
・ベーキングパウダー　４g
・白砂糖　70g
・クローブパウダー　小さじ2
・無塩バター　１００g
・全卵　３個
・ドライイチジク大粒　４粒

【下準備】

・オーブンは、１８０度に予熱。
・イチジクは、１㎝～２㎝くらいにカットしておく。
・卵とバターは、常温に戻しておく。
・パウンドケーキ型にはバター（分量外）を塗り、強力粉をはたく。使う直前まで冷蔵庫で　冷やしておく。

【つくり方】

① 薄力粉～クローブパウダーまでの４種の粉は振るっておく。

② 常温になったバターをすり混ぜ、クリーム色くらいにまでなったら、溶かした卵を少しずつ混ぜていく。最低３回くらいに分けて入れる。

② 粉類と②を一気に混ぜ、そこにカットしたドライイチジクを入れる。

③ １８０度で35分～40分焼く。竹串を刺して生地がつかなければ完成。

このケーキは、焼いてから一晩置いて食べたほうが、生地が暴れずスパイスがなじみ、食べやすくなります。

イチジクのプチプチが癖になるちょっと大人な健康的な減糖パウンドケーキです。

【ワンポイント】

このパウンドケーキ以外にも、赤ワイン、クローブとイチジクはとても美味しい組合わせになります。

赤ワインの中に黒糖、イチジク、クローブを入れ、煮詰めます。それだけでもジャムのようになって美味しいですが、その暖かいジャムソースをヨーグルトに入れたり、バニラアイスにかけてアフォガード風にしたりするのもおすすめです。

アルコールが苦手という方は、葡萄ジュースで試してみてください。

5　フェンネル編

ツナとフェンネルのパスタ

ほんのり薄味の食べやすいパスタ。ツナを炒めてしまうせいで、ちょっとパサつきやすいので、パスタのゆで汁を多めに入れたり、もしくは薄いコンソメスープや塩味のスープに投入してスープパスタにするのもよいでしょう。

【材料】　４人分

・ツナ缶　（70ｇ）３缶
・パスタ　３２０ｇ（太さはお好みで。細いほうが理想）
・コーン缶詰　一缶
・塩胡椒　少々
・にんにく　少々
・フェンネルシード　大さじ4
・玉ねぎ　2分の1個
・サラダ油　少々

【下準備】

玉ねぎは、粗みじんにしておく。

【つくり方】

① 温まったフライパンにサラダ油を入れ、粗みじん切りした玉ねぎを入れる。
② 玉ねぎを飴色になるまで炒めたら、油を切ったツナとコーンを入れて軽く火が通るまで炒める。塩胡椒、ガーリックで調味する。
③ 沸騰したお湯に塩をひとつまみ（分量外）を入れ、パスタをゆでる。ゆで時間は7分～10分ほど。お手持ちのパスタの太さによって加減。固めがいいなら5分くらいから様子を見る。
④ パスタのお湯を切ったら、ゆで汁は残しておく。
⑤ ②の中にゆでたパスタを入れて絡める。ツナがどうしてもパサつくので、ゆで汁で調節する。

フェンネルスープ

蕪のような、大根のような、そんな不思議な食感で、そして癖がなく、とても調理しやすく、とても食べやすい「フローレンスフェンネル」。

スパイスではなく、ハーブに分類される上に、どこのスーパーでも必ず手に入るとは断言しにくいレアものですが、この美味しさを知ってもらいたいがためにと掲載します。

高級スーパーでは、稀に売られていることがありますので、野菜売り場やハーブエリアをチェックしてみてください。

【材料】　４人分

・フローレンスフェンネル（根）２分の１
・お水　フローレンスフェンネルが被るくらい
・コンソメキューブ　２粒
・ベーコン　４枚
・塩　少々
・フェンネルパウダー　小さじ２～３

【下準備】

ベーコンは、一口大に切っておく。
フェンネルは、軽く水洗いをしておく。

【つくり方】

① フローレンスフェンネルを食べやすい大きさにカットする。葉っぱも美味しいが、根っこ（球根）の部分がホクホクして食べやすい。葉っぱの部分はスープに入れてもいいが、油炒めにしても美味しい。
② 温まったお湯の中にフローレンスフェンネルとベーコンを入れる。
③ フェンネルが柔らかくなったら、塩胡椒、コンソメキューブを入れて調味。最後にフェンネル

パウダーを入れる。

6　マサラチャイ編

絶対にマスターしてほしい、日常で使いこなしてほしいと願うミックススパイス、それがマサラチャイ。マサラチャイを使ったお菓子、本当に美味しいです。そして、マサラチャイは、使える幅も本当に広い。ぜひとも台所に常備してほしいミックススパイスです。

マサラチャイとは、そもそもどういうものなのでしょう。マサラチャイとは、現地の言葉で「お茶ミックス」という意味です（マサラ＝ミックス、チャイ＝お茶）。４種～５種のスパイスを混ぜたものがポピュラーです。

マサラチャイには、「このスパイスを入れなければマサラチャイとは言えない」とうようなことはありません。大体、このスパイスは入っていることが多いというものはありますが…。

そして、マサラチャイは、面白いことに家庭によっても味が違います。日本でいうところのお味噌汁のような、その家にしかない、代々伝わるおふくろの味というものかもしれませんね。

また、マサラチャイと聞くと、「え？　あのカレー屋さんで飲むミルクティみたいなやつ」と思われるかもしれません。それも正解です。「マサラチャイ」という言葉の狭義は、「インド式スパイスミルクティー」だからです。

マサラチャイという「ミックススパイス」を使ったレシピと、「マサラチャイミルクティー」を使った王道レシピから、変わり種のレシピまでご紹介していきます。

マサラチャイブレンド（ミックススパイス）　遠井流

・シナモン（カシア）　大さじ1と2分の1
・カルダモン　大さじ1
・ドライジンジャー　小さじ2分の1
・クローブ　小さじ2分の1～4分の1

他に、ベイリーフやナツメグなど入れる方もいます。

必要なものは、大さじと小さじ、あとブレンド用のお皿だけです。

クローブは、強いのがお好みの方はこれ以上入れてしまっても大丈夫です。クローブ初めて！とか、苦手な方は、少な目スタートからぜひどうぞ。

このレシピで注意していただきたい点は、シナモンとジンジャー。シナモンは、カシアを使用しています。セイロンは、香りが柔らかく、このブレンドだとカルダモンやジンジャーに香りが負けかねないのでカシアを使ってください
たまに「ジンジャーは生のすりおろしでもいいですか」という方がいらっしゃいますが、そちらもお好きでよいですが、フレッシュなものと乾燥したものでは香りが3倍違います。お気をつけく

ださい。

先ほどご紹介したマサラチャイのミックススパイスを使ったお手軽レシピです。どれも「混ぜるだけ」の簡単なレシピです。ちょっとした朝ごはんに、おやつにつくってみてください。

7　マサラチャイレシピ・ミックススパイス編

マサラチャイフレンチトースト

朝食に手軽に食べられるフレンチトースト。そのフレンチトーストをちょっとアレンジしたものがこちら。

スパイスを加える以外は、なにも普通のフレンチトーストと変わりません。マサラチャイだけじゃなくて、シナモン単品、カルダモン単品もとても美味しいです。試してみてください。

【材料】　1人分
・フランスパン　2切れ
・バター　10g
・牛乳　20ml
・砂糖　10g

・卵　1つ
・マサラチャイ　大さじ2

【下準備】
・卵は、室温に戻しておく。
・牛乳は、人肌くらいに温めておくのがベスト。あまり冷たいとミックススパイスが溶けにくくなり、入れてもダマになりやすくなる。人肌くらいまで電子レンジで温めるとよいかも…。

【つくり方】
①　フランスパンは厚さ3㎝厚さに切る。
②　ボウルに卵を入れ、菜箸でよく溶き、砂糖、牛乳、マサラチャイを加える。
③　パンの両面を卵液に漬ける。裏表がしっかり茶色になるまで漬ける（目安は片面2分ずつくらい）。
④　フライパンを熱し、バターを入れる。そこに漬けたフランスパンを入れる。
⑤　両面焦げ目が軽くつくまで中火で焼く（片面30秒〜1分ほど）。
⑥　お皿に盛りつける。お好みでドライフルーツや生クリーム、ミントなどを飾るとよい。

【ワンポイント】
・フランスパンがなければ厚めの食パンで代用してもよい。プレーンのパンなら何でも代用可能です。

・牛乳の代わりに豆乳を入れてもよい。少しココナッツミルクを加えると味が濃くなります。

マサラチャイガトーショコラ

ワンランク上のチョコレートケーキを食べたい方へ。

【材料】 16㎝型1台分

・ビターチョコレート　60g
・動物性生クリーム　60ml
・バター（食塩不使用）　60g
・バター　少量
・強力粉　少々
・全卵　3個
・上白糖　120g
・薄力粉　25g
・ココアパウダー　40g
・マサラチャイ　大さじ2

※型について

ケーキの型に、溶かしたバター（分量外）を満遍なく薄く塗り（もしバターがなければサラダ油でも。味は落ちますが大丈夫です）、強力粉も満遍なくはたいてください。強力粉をはたいた後は、冷蔵庫で使う直前まで冷やしておいてください。

【下準備】

・オーブンは１７０度に予熱しておく。
・バターと卵は室温に戻しておく。
・薄力粉、ココアパウダーは合わせて振るっておく。

【つくり方】

① ボウルに細かく刻んだビターチョコレートを入れて、湯銭にかける。
② 生クリームを沸騰直前まで温め、①に入れて、泡立器で混ぜる。中央から渦を描くように混ぜていくとよい。全体をしっかり混ぜる。
③ 柔らかくなったバターを少しずつ入れてしっかり混ぜる。中央から渦を描くようにしっかりと。
④ 全卵を、卵白と卵黄に分ける。卵白は、冷蔵庫で使う直前まで冷やしておく。
⑤ 卵黄を別のボウルでクリーム色になるまでよく擦り混ぜる。
⑥ ③と⑤と、振るった粉類、マサラチャイを合わせて混ぜておく。
⑦ 冷蔵庫で冷やしておいた卵白を1度ハンドミキサーでしっかり混ぜる。
⑧ 砂糖を3回～4回に分けてハンドミキサーで混ぜて泡立ててメレンゲをつくっていく。一番最初に入れる砂糖の量は多めに分配する。角がピンと立つまで泡立てる。

⑨　⑥の中に出来上がったメレンゲの半分量を入れてしっかり混ぜる。
⑩　残りのメレンゲを入れて、メレンゲをつぶさないようにざっくり混ぜる。メレンゲの白さが見えなくなったらＯＫ。
⑪　冷蔵庫から型を取り出し、流し込む。流し込んだら、トントンと机の上で数回落として、空気抜きをする。
⑫　予熱しておいたオーブンで45分焼く。

【ワンポイント】

・卵白は、暖かくなるとメレンゲをつくる際に泡立ちが悪くなるので、必ず冷蔵庫に入れておく。また、ボウルの中に水分は絶対入らないようにする。

このレシピからマサラチャイを抜けば、美味しいプレーンのガトーショコラになります。また、ちょっと変わったガトーショコラが食べたいならば、マサラチャイではなく、ガラムマサラを入れてみてください。チョコレートとカレースパイスの意外なハーモニー、癖になります。

3ステップでつくれる簡単美味しいベーシックマサラチャイ（ミルクティー）

ここからは、狭義である「インド式スパイスミルクティー」のマサラチャイのつくり方になります。基本的に、牛乳に茶葉とホールスパイス（パウダーではありません）を入れ、煮だし、漉すという3ステップで完成します。

材料が揃っていれば、所要時間は7分くらいです。

いくつかマサラチャイのアレンジレピも掲載するので、読むだけである程度味が比較できたら面白いかなと思い、独断で味の評価もつけました。★の数が多いほどその項目の評価が大きいです。ぜひ参考にしてみてください。

・甘さ★★★☆☆
・飲みやすさ★★★★☆
・つくりやすさ★★★★☆

【材料】

・茶葉（セイロンかウバ）　小さじ2
・牛乳　２００～２５０㎖
・シナモンスティック（カシア）２本
・カルダモン　６粒
・クローブ　２粒
・（お好みで）はちみつ　少々
・ジンジャーパウダー　小さじ2分の1～小さじ1

※特別に必要な道具…茶こし、スパイスを砕くもの（すり鉢など）

【つくり方】

①　お鍋に牛乳を入れ、沸騰直前まで温める。
②　温まってきたら茶葉を入れ、茶葉の色が出てきたらスパイスをすべて投入する。沸騰させないように2、3分だけ煮立たせる。
③　茶こしで漉す。
④　お好みで、はちみつ、もしくは砂糖を入れて完成。

このマサラチャイは、かなり濃厚です。したがって、濃いのがあまり得意でない方は、牛乳を半分、もしくは4分の1をお水にするなどの工夫をするのがおすすめです。また、分量では、1人分と表記してありますが、1人分だとお鍋の牛乳が沸騰しやすくなり温度調整が難しくなるので、3～4人分を一気につくることをおすすめします。

【ワンポイント】

・茶葉とスパイスを入れた後は沸騰させない。香りが飛んでしまいます。（私のレシピにおいてはです。とあるカレーのお店では、沸騰を一気にさせたあと、水で少々薄めてから提供するレシピらしいです）。
・スパイス類は、すべて砕く。本来は、お店にあるようなマッシャーを使うのが理想ですが（ネット通販で2，000～3，000円くらいで手に入ります）、ご家庭の場合はすり鉢（今の時代は100円均一で売っています）で潰すのもよし、また包丁の持ち手の部分でたたくのもありです。そのまま砕かずチャイの中に放り込んでしまうと美味しさ半減なので絶対砕いてください。

・牛乳が濃すぎる、乳製品が嫌だなという方は、豆乳でつくってみるのもいいと思います。あっさりして飲みやすいマサラチャイができます。

8　簡単アレンジマサラチャイ（ミルクティー）編

ホットジンジャーマサラチャイ

ジンジャー好きには堪らない。

・甘さ★☆☆☆☆
・飲みやすさ★★☆☆☆
・つくりやすさ★★★☆☆

【材料】　１人分

・茶葉（セイロンかウバ）小さじ2
・牛乳　２００〜２５０㎖
・シナモンスティック（カシア）２本
・カルダモン　６粒
・クローブ　２粒

・ジンジャーパウダー　小さじ1～2
・すりおろし生ショウガ　10g
・チリパウダー（飾り）　適量
※特別に必要な道具…茶こし、スパイスを砕くもの（すり鉢など）、すりおろし器、ピーラー

【つくり方】

①　お鍋に牛乳を入れ、沸騰直前まで温める。
②　温まってきたら茶葉を入れ、茶葉の色が出てきたらスパイスをすべて投入する。沸騰させないように2、3分だけ煮立たせる。
③　茶こしで漉す。
④　すり下ろしたジンジャーを加えて完成。チリパウダーを上から散らす。

【ワンポイント】

・ジンジャーは、あらかじめ皮を剥いておくと楽です。
・チリは、あくまでも彩り程度なので、かけすぎは注意です。さらに辛くなってしまいます。
・ジンジャーは、ホットの状態だと美味しく感じても、冷えてくるほど味がしっかりわかってくるスパイスです。調子に乗ってジンジャーを入れすぎて、少し冷めたら辛すぎて飲めないということもあるので、特にすりおろしのジンジャーは量を注意してください。
・もし、チリを使うことに抵抗があるならば、赤パプリカの粉末でも代用可能です。味も微量なら

そんなに変わりません。ぜひお試しください。

・体に熱がこもりやすい人は、このマサラチャイは体を熱くする作用が強いので、気持ちが悪くなったりするかもしれません。体の様子を見ながら飲んでください。

アイスミントマサラチャイ

暑い夏にぴったり！　すっきりしたい方にもぴったり！

・甘さ★☆☆☆
・飲みやすさ★★☆☆☆
・つくりやすさ★★★☆☆

【材料】　１人分

・茶葉（セイロンかウバ）　小さじ2
・牛乳　２００～２５０㎖
・シナモンスティック（カシア）２本
・カルダモン　６粒
・クローブ　２粒
・フレッシュペパーミントの葉　20枚
・（飾りとして）フレッシュペパーミントの葉　数枚

※特別に必要な道具…茶こし、スパイスを砕くもの（すり鉢など）

【つくり方】

① お鍋に牛乳を入れ、沸騰直前まで温める。
② 温まってきたら茶葉を入れ、茶葉の色が出てきたら砕いたスパイスをすべて投入する。ミントも同時に投入する。沸騰させないように5分煮る。
③ 茶こしで漉す。
④ 粗熱をとったらグラスに注いで完成（お好みで冷蔵庫で冷やすか、氷を入れる）。
⑤ 彩りとしてミントを散らす。

【ワンポイント】

・ミントは、投入したら煮ながらお玉か菜箸で軽く押し潰してください。ただし、あまりしつこく潰したり、長く煮すぎてしまうと、ミントの苦みが出てしまうので、潰しすぎ、煮すぎはほどほどに。
・氷は、溶けてしまうとマサラチャイの味が薄くなります。氷の量は加減しましょう。

マサラチャイのチェー風

寒い冬にぴったりなお手軽メニュー。

チェーとは、ベトナムを代表するローカルスイーツ。現地では、日本円にして大体１００円で買うことができます。

本来は、甘い果実の他に、甘く煮た芋類や豆類も入り、大体のものにココナツミルクが使われています。お砂糖に抵抗のある方や、お子様にも食べやすい一品です。時短で嬉しいレシピです。

【材料】

・茶葉（セイロンかウバ）小さじ2
・牛乳　２００~２５０ml
・シナモンスティック（カシア）　２本
・カルダモン　６粒
・クローブ　２粒
・バナナ　２分の１本
・ナタデココ、クルミ　適量
※特別に必要な道具…茶こし、スパイスを砕くもの（すり鉢など）

【つくり方】

① お鍋に牛乳を入れ、沸騰直前まで温める。
② 温まってきたら茶葉を入れ、茶葉の色が出てきたら、砕いたスパイスをすべて投入する。ミントも同時に投入する。沸騰させないように5分煮立たせる。
③ 茶こしで漉す。

④　輪切りにしたバナナ、ナタデココを入れて、少しだけ温める。
⑤　クルミを砕いて散らす。

【ワンポイント】

バナナやナタデココの他にも白玉を入れてみても美味しいです。黒ゴマも合います。また、クルミの代わりに、アーモンドを散らしてみても食感がいいです。彩りとしてクコの実を散らしても…。

甘さが足りないならば、はちみつや黒糖、ココナツミルクを足してもよい。甘酒も美味しいです。アレンジ多数なメニューなので、いろいろ自分の好みに合わせて具材を入れてみてください。

9　スパイスカクテル編

スパイスとお酒、一見合わないようでいて実は切っても切り離せない存在です。

例えば、居酒屋やバーでおなじみのジンの香料に使われているのは、ジュニパーベリーというスパイスですし、薬膳酒にもスパイスは使われます。

歴史的にも、印象派の画家ロートレックやゴッホ、太宰治が中毒になった通称「悪魔の酒」と呼ばれるアブサンというお酒にも数種のスパイスが入っています（現在、このお酒は、中毒症状が出ないように加工されたものが売られています）。

ここでは、スパイスとリキュール、そしてスプーンがあれば誰にでもできる簡単なオリジナルスパイスカクテルをご紹介していきます。
お酒をよく飲む方、普通のお酒では物足りなくなってしまった方にもおすすめですが、なによりもとても飲みやすいお酒なので、あまり飲めない方、量より質重視な方にもおすすめの3品です。

ダブルジンジャー

ジンジャー好きにはたまらない！　私は、実は少々味が刺激的過ぎてちょっと苦手なカクテルなのですが、ジャスミンとジンジャーの香りがなんともリラックスできる一品です。

・甘さ★★☆☆☆
・飲みやすさ★★★☆☆
・酔いやすさ★☆☆☆☆

【材料】
・ジン　お好みで小さじ4分の1～2分の1
・ジャスミンティー　10cc
・ジンジャーエール　20cc
・すりおろし生ジンジャー　お好みで

【つくり方】

① ジンとジャスミンティーとジンジャーエールを加えよく混ぜる。
② 仕上には、お好み量のすり下ろした生ジンジャー、ジンを入れる。生ジンジャーは好みの量で大丈夫ですが、目安は小さじ半分～4分の1くらい。

カルダモン・ショット

とっても飲みやすい女性に大人気な甘いけれどすっきり味のお酒です。

アルコール自体はそこまで強くはないのですが、とにかく飲みやすいので、飲みすぎ注意！

・甘さ★★★☆☆
・飲みやすさ★★★★☆
・酔いやすさ★★★☆☆

【材料】
・炭酸水　20cc
・ピーチリキュール　10cc
・カルダモン　1～2粒

【つくり方】
① グラスにソーダとピーチリキュールを入れる。
② カルダモンの皮をむき。皮も種もすべてを①の中に入れる。

③　スプーンでお酒の中のスパイスをよくつぶす。

マリブ・カルダモン

お酒通が、「マリブの海を見ながら飲みたい！」と言ったことから名づけられたお酒。お味的には、少々大人向けの一品。甘さ控えめ、ビターなお味です。

もし、アルコールが苦手ならば、カルーアを微糖コーヒーに変えてみて（ブラックはおすすめしません）ください。お酒ではなくなりますが、清涼感のある飲み物が味わえます。

・甘さ★☆☆☆☆
・飲みやすさ★★☆☆☆
・酔いやすさ★★★★☆

【材料】
・カルーアリキュール　10cc
・ウオッカ　10cc
・カルダモンホール　２〜３粒

【つくり方】
①　カルーアリキュールとウオッカを混ぜる。
②　その中に皮をむいたカルダモンをすべて入れる。

あとがき

最後までお読みいただきありがとうございます。写真もなく、文章ばかりの本でしたが、なかなか知ることのできないスパイスについてのお話を少しでもお届けできたかと思います。

本書の歴史の部分でもおわかりのように、スパイスは、昔から人類に寄り添ってきた、人類を救ってきた食べ物であり、そして狂わせてきた魔性の食べ物でした。

また、古代ローマ時代、医者がスパイスを明確に定義できなかったその瞬間から、本書を書いているこの瞬間まで、まだその定義は定まっていません。そして、これからも明確に定義されることはないでしょう。そのくらいスパイスは、奥が深く、謎も多く、種類も多く、可能性も無限大で、知れば知るほど疑問が深まり、ドツボにはまる、そんな存在なのです。

スパイスは、美味しい食べ物であり、愛でるべき自然の産物であり、少々食べ物に対し失礼ですが、「遊び方が無限大の万能おもちゃ」とも思っています。食べ物としても、聖書や神話に登場し、戦争の種になり、料理から、お菓子から、お酒から、目薬から、ミイラの防腐剤までこなすものはないでしょう。しかし、それは、使い方が昔から無限大にある証拠です。ぜひ皆さん、スパイスで遊んでください。

最後に、本書を書くに当たりご協力くださった有限会社イー・プランニング須賀社長にも厚く御礼申し上げます。

参考文献

・「The Complete Book of SPICES スパイス完全ガイド」 ジル・ノーマン著、山と渓谷社刊
・「香薬東西」 山田憲太郎著、法政大学出版局刊
・「スパイス（上）その歴史と種類」 リチャード・クレイズ著、ネコ・パブリッシング刊
・「こだわりのスパイス」 JOHN W.PARRY 著、建帛社刊
・「日曜日の選び方 スパイス名人宣言」 朝岡勇・朝岡和子・平松洋子著、雄鶏社刊
・「スパイスストーリー―欲望と挑戦と―」 B・S・ドッジ著、八坂書房刊
・「世界の薬食療法―くすりになる食べ物―」 G・W・ギルボード・久保明・村上光太郎・李秀玲著、法研刊
・「専門店が教えるスパイスの基本」 レピス・エピス著、PHP研究所刊
・「ハリーポッターとアズカバンの囚人」 J．Kローリング著、静山社刊
・第1章 52ページ 大津屋様 ネット通販サイト http://www.Rakuten.co.jp/uenoohtsuya

著者略歴

遠井　香芳里（とおい　かおり）

埼玉県出身。上智大学、女子栄養大学卒。

フリーでスパイスや薬膳を使った料理会やスイーツ会、講座を毎月約10回主催。健康食品系企業へのレシピ提供も行っている。関東を中心に活動し、スパイスと薬膳の美味しさ、楽しさを広める活動に心血を注いでいる。

2017年10月からは、京都においてオリジナルスパイスティーを販売開始。関西へも活動の幅を広げている。

料理をひきたたせる「スパイス」がわかる本

2018年1月24日発行

著　者　遠井　香芳里
発行人　森　　忠順
発行所　株式会社 セルバ出版
〒113-0034
東京都文京区湯島1丁目12番6号 高関ビル5B
☎ 03（5812）1178　FAX 03（5812）1188
http://www.seluba.co.jp/
発　売　株式会社 創英社／三省堂書店
〒101-0051
東京都千代田区神田神保町1丁目1番地
☎ 03（3291）2295　FAX 03（3292）7687

印刷・製本　モリモト印刷株式会社

Printed in JAPAN
ISBN978-4-86367-393-9